衝 撃 力 学

工 学 博 士　**宇治橋貞幸**　共著
博士(工学)　**宮崎　祐介**

コロナ社

ま　え　が　き

　本書の題名にある「衝撃」を初めて知ったのは，著者が東京工業大学機械工学科の最終学年となり，中原一郎先生の研究室に卒業研究学生として配属されたとき（1968 年）のことである。著者の卒業研究課題は，「衝撃内圧を受ける異方性円筒」の応力解析を動弾性理論によって解析する，といった難問であった。当時研究室の助手であった松本浩之先生のいわれるままに数学の計算に取り組むことになったが，勉強を怠けていた著者にとっては大変な作業であった。それまで知らなかった特殊関数が出てくる長い式が多く，どのような結果を表現しているのか予測などまったくできない理論式であったが，数値計算をしてみると，不思議なことにそれらしい結果が出てきて感激したものである。

　それから学園紛争の真っただ中の思いもよらない大学院への進学と，さらに思いもよらない研究室助手へと，想定外の身の丈に余る人生を歩むことになった。この間，研究内容はつねに「衝撃」であり，扱った理論は，波動方程式，あるいはベルヌーイ，オイラー，ラグランジュ，ティモシェンコなどといった，ほとんど歴史上の著名な学者の名前が出てくる世界であった。理論だけでなく，なにかと難しい衝撃の実験，さらにはブラウン管式シンクロスコープやフィルム式高速度カメラを使った計測にも取り組んだ。その後コンピュータの発達によって衝撃解析の主流となってきたのは計算力学によるシミュレーションの世界であるが，そのころには，すでに自分自身では解析をやらない年齢となっていた。振り返ってみれば，「なんと古きよき時代であったことか…」と思うこともある。

　この間，47 歳になったころ，思いがけず明治大学大学院機械工学専攻の学生を相手に「衝撃」を教える機会を得た（1994 年）。これが著者が取り組んできた「衝撃の世界」を若い人達に伝えるきっかけとなり，さらにこの授業は，18 年の

長きにわたってつづくことになった。これとほぼ同じ時期に東京工業大学でも機械系学部学生に「衝撃」を講義として教えるようになり，徐々にではあるが講義ノートも蓄積していった。この講義ノートを基に教科書出版をすすめて下さる方もいたが，東京工業大学在職中には遂に実現させることができなかった。

　しかし，定年退職後次第に余裕ができるに従って「このままでは終われない」という気持ちが強くなり，コロナ社からの励ましもあって一念発起して講義ノートの出版に向けて精力を傾けることになった。

　本書は，過去の名立たる名著，とりわけティモシェンコの著作には足元にも及ばないが，意外にも日本語の「衝撃」入門となる適当な書がなく，なんとしても世に出さねばという気持ちが掻き立てられてきた。

　このような経緯からわかるように，本書は大学で初めて「衝撃」を勉強する機械系学生，あるいは物作りに携わる技術者のための入門書となるよう，意識して書いてきたものである。

　本編は「基礎編」と「実践編」とに分かれているが，衝撃に対する基礎的な理解は，文字どおり「基礎編」だけで十分に得られるようになっている。「基礎編」には多くの数学式が出てくるが，大学の低学年で勉強する程度の数学であるから「食わず嫌い」にならないよう願っている。衝撃は基本的に過渡応答問題であるため，全体を通して「ラプラス変換」が主流となっているので，この際ラプラス変換と仲よくなってほしい。ラプラス変換は，その逆変換が一般的に面倒なので，本書では数学的厳密さには目をつぶり，非常に限定された条件下（例えば，保存系）でのラプラス逆変換しか扱っていない。したがって，是非とも毛嫌いせずに取り組んでほしい。

　また随所に「考察」を設けているが，これは当該箇所の理解を深めてもらうためのもので，是非とも飛ばさないで取り組んでほしい。あえてヒントだけで解答は載せていないが，考えることによって理解が深まるよう配慮しており，実際の講義の場面においても非常に重要と感じた内容でもある。扱っている部材としては棒と梁の衝撃応答問題が大半を占めるが，個々についてさらに高度な勉強をしたい読者には，ティモシェンコの一連の著作を参照されることをおす

すめしたい。

　「実践編」を読んでいただければわかるように，衝撃応答問題では，構造物に作用する荷重をいかにして正確に見積もるかが最大の課題である。これを正しく見積ることができれば，つぎのステップである応力解析は，理論をはじめさまざまな手法により求めることができる。実際の衝撃問題における見込み違いは，その衝撃荷重の大きさと持続時間の見積りを誤ったことに起因することがきわめて多い。衝撃荷重の見積りは経験豊富な技術者でないと難しいものであるが，まずは衝撃の基本を正しく身に付けておくことが重要である。本書がその入門書となることを願っている。

　末筆ではあるが，本書の理論解の精度検証に関して有限要素法による解析をしていただいた伊藤忠テクノソリューションズ株式会社，ならびに根気強く担当していただいた同社の津田徹氏および東出紀子氏に深く感謝いたします。

　また，東京工業大学大学院学生の田中耕輔君には，理論結果だけで数値結果が不足していた多くの問題について数値計算を行っていただき，たいへん感謝している。

　筆者が東京工業大学助手のころの大学院学生であった名古屋工業大学西田政弘教授からは，精密な実験結果の提供をいただき，これにより理論結果の信憑性を高めることができた。ここに深く感謝を申し上げる次第である。

2020 年 1 月

著者代表　宇治橋貞幸

目　　　次

5.　板 の 曲 げ 衝 撃

第 II 部　実　　践　　編

6.　弾性限度を超えた衝撃問題

7.　理論解析の適用性

8. ばね・質点モデルによる衝撃応答解析

付録 A　ヘルツの接触理論

付録 B　動的有限要素法の基礎理論

付録 C　数 学 公 式

第I部 基礎編

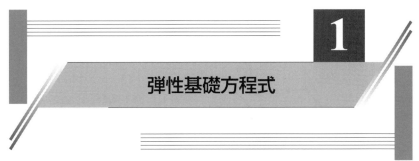

弾性基礎方程式

衝撃を受ける構造体の応答は，振動現象ととらえる考え方もあれば，波動伝播現象ととらえる考え方もある。本書では，衝撃は波動伝播現象が本質であり，その結果として振動現象があるとの立場に立っている。したがって，構造体の衝撃問題を，波動伝播現象として理解した上で，振動現象としての見方も理解できるようにすることを目的としている。

そこで本章では，解析のための理論として最初に波動方程式を示し，つぎに梁や板などの構造解析のための理論を示すことにする。すなわち，すべての出発点となる弾性基礎方程式を紹介し，2章の梁および板の理論への展開を理解できるようにし，3章以降の具体的衝撃問題の理論解析へと誘導する。その意味においては，1章と2章を後回しにして3章から取り組むことも可能である。

1.1 三次元基礎方程式

ここに示す理論は，本書に出てくるすべての理論の原点となるものであり，微小な弾性変形を前提としている。

1.1.1　平 衡 方 程 式

図 **1.1** のような大きさ dx, dy, dz の立方体微小要素とこれに働く応力成分を考え，並進と回転の釣合いを考えると，つぎのようになる。

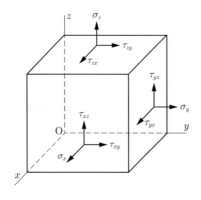

図 1.1　微小要素の力の釣合い
（直角座標，三次元）

平衡方程式（並進の釣合い）：

$$\left.\begin{array}{l} \dfrac{\partial \sigma_x}{\partial x} + \dfrac{\partial \tau_{yx}}{\partial y} + \dfrac{\partial \tau_{zx}}{\partial z} + X = 0 \\[2mm] \dfrac{\partial \tau_{xy}}{\partial x} + \dfrac{\partial \sigma_y}{\partial y} + \dfrac{\partial \tau_{zy}}{\partial z} + Y = 0 \\[2mm] \dfrac{\partial \tau_{xz}}{\partial x} + \dfrac{\partial \tau_{yz}}{\partial y} + \dfrac{\partial \sigma_z}{\partial z} + Z = 0 \end{array}\right\} \tag{1.1}$$

平衡方程式（回転の釣合い）：

$$\tau_{xy} = \tau_{yx}, \qquad \tau_{yz} = \tau_{zy}, \qquad \tau_{zx} = \tau_{xz} \tag{1.2}$$

ここで，$(\sigma_x, \sigma_y, \sigma_z)$ は**垂直応力成分**，$(\tau_{xy}, \tau_{yz}, \tau_{zx})$ などは**せん断応力成分**であり，X, Y, Z は物体力を表すが，これは衝撃問題では慣性力となり，つぎのようになる。

$$X = -\rho \frac{\partial^2 u}{\partial t^2}, \qquad Y = -\rho \frac{\partial^2 v}{\partial t^2}, \qquad Z = -\rho \frac{\partial^2 w}{\partial t^2} \tag{1.3}$$

式 (1.2) では，回転の慣性力は高次の微小量となり無視している。また，(x, y, z) は座標，(u, v, w) は各座標方向変位，ρ は密度，t は時間である。

> 【考　察】
> 式 (1.1) および式 (1.2) を導出してみよう。
> 同時に回転による慣性力が高次の微小量となることを確認してみよう。

1.1.2　構　成　式

つぎに弾性の構成式，すなわち応力成分とひずみ成分の関係式を求めれば，つぎのようになる。

$$\left.\begin{array}{ll}
\varepsilon_x = \dfrac{1}{E}\{\sigma_x - \nu(\sigma_y + \sigma_z)\}, & \gamma_{xy} = \dfrac{1}{G}\tau_{xy} \\[2mm]
\varepsilon_y = \dfrac{1}{E}\{\sigma_y - \nu(\sigma_z + \sigma_x)\}, & \gamma_{yz} = \dfrac{1}{G}\tau_{yz} \\[2mm]
\varepsilon_z = \dfrac{1}{E}\{\sigma_z - \nu(\sigma_x + \sigma_y)\}, & \gamma_{zx} = \dfrac{1}{G}\tau_{zx}
\end{array}\right\} \tag{1.4}$$

ここで，E は縦弾性係数，G はせん断弾性係数，ν はポアソン比である。

これを，応力について解けば，つぎのようになる。

$$\left.\begin{array}{l}
\sigma_x = \dfrac{(1-\nu)E}{(1+\nu)(1-2\nu)}\left\{\varepsilon_x + \dfrac{\nu}{1-\nu}(\varepsilon_y + \varepsilon_z)\right\} \\[3mm]
\sigma_y = \dfrac{(1-\nu)E}{(1+\nu)(1-2\nu)}\left\{\varepsilon_y + \dfrac{\nu}{1-\nu}(\varepsilon_z + \varepsilon_x)\right\} \\[3mm]
\sigma_z = \dfrac{(1-\nu)E}{(1+\nu)(1-2\nu)}\left\{\varepsilon_z + \dfrac{\nu}{1-\nu}(\varepsilon_x + \varepsilon_y)\right\} \\[3mm]
\tau_{xy} = G\gamma_{xy}, \quad \tau_{yz} = G\gamma_{yz}, \quad \tau_{zx} = G\gamma_{zx}
\end{array}\right\} \tag{1.5}$$

ここで，$(\varepsilon_x, \varepsilon_y, \varepsilon_z)$ は**垂直ひずみ成分**，$(\gamma_{xy}, \gamma_{yz}, \gamma_{zx})$ は**せん断ひずみ成分**である。

式 (1.5) を $2(1+v)G = E$ の関係を用いて，つぎのように書くこともできる。

$$\left.\begin{array}{ll}
\sigma_x = 2\mu\varepsilon_x + \lambda e, & \tau_{xy} = \mu\gamma_{xy} \\[2mm]
\sigma_y = 2\mu\varepsilon_y + \lambda e, & \tau_{yz} = \mu\gamma_{yz} \\[2mm]
\sigma_z = 2\mu\varepsilon_z + \lambda e, & \tau_{zx} = \mu\gamma_{zx}
\end{array}\right\} \tag{1.6}$$

ここで，$e = \varepsilon_x + \varepsilon_y + \varepsilon_z$，$\mu$ および λ は**ラーメの定数**と呼ばれ，つぎのように定義される。

$$\mu = G, \qquad \lambda = \frac{\nu E}{(1+\nu)(1-2\nu)}$$

【考　察】

①　ポアソン比 ν を 0 とすると波動の伝播速度はどのようになるか考えてみよう。またポアソン比が 0 の材料はどのようなものか，逆にポアソン比の上限はいくらか考えてみよう。

〈ヒント〉

ポアソン比の上限は，材料を均等に圧縮したとき体積が増えないという条件から求められる。

②　関係式 $2(1+\nu)G = E$ はどのようにして求められるか考えてみよう。

〈ヒント〉

文献 1) を参照

1.1.3　連 続 条 件 式

変位成分とひずみ成分の関係，すなわち連続条件式はつぎのようになる。

$$\left.\begin{array}{l}
\varepsilon_x = \dfrac{\partial u}{\partial x}, \quad \varepsilon_y = \dfrac{\partial v}{\partial y}, \quad \varepsilon_z = \dfrac{\partial w}{\partial z} \\[2mm]
\gamma_{xy} = \dfrac{\partial u}{\partial y} + \dfrac{\partial v}{\partial x}, \quad \gamma_{yz} = \dfrac{\partial v}{\partial z} + \dfrac{\partial w}{\partial y}, \quad \gamma_{zx} = \dfrac{\partial w}{\partial x} + \dfrac{\partial u}{\partial z}
\end{array}\right\} \quad (1.7)$$

ここで

$$\gamma_{xy} = \gamma_{yx}, \qquad \gamma_{yz} = \gamma_{zy}, \qquad \gamma_{zx} = \gamma_{xz}$$

である。

1.1.4　変 位 の 方 程 式

式 (1.1) は，式 (1.6) さらに式 (1.7) を代入することにより，変位成分 (u, v, w) に関するつぎの三元連立微分方程式となる。

$$(\lambda + \mu)\left(\frac{\partial^2 u}{\partial x^2} + \frac{\partial^2 v}{\partial x \partial y} + \frac{\partial^2 w}{\partial x \partial z}\right) + \mu \nabla^2 u = \rho \frac{\partial^2 u}{\partial t^2}$$

$$(\lambda + \mu)\left(\frac{\partial^2 u}{\partial y \partial x} + \frac{\partial^2 v}{\partial y^2} + \frac{\partial^2 w}{\partial y \partial z}\right) + \mu \nabla^2 v = \rho \frac{\partial^2 v}{\partial t^2}$$ (1.8)

$$(\lambda + \mu)\left(\frac{\partial^2 u}{\partial z \partial x} + \frac{\partial^2 v}{\partial z \partial y} + \frac{\partial^2 w}{\partial z^2}\right) + \mu \nabla^2 w = \rho \frac{\partial^2 w}{\partial t^2}$$

ここで

$$\nabla^2 \equiv \frac{\partial^2}{\partial x^2} + \frac{\partial^2}{\partial y^2} + \frac{\partial^2}{\partial z^2}$$

これは，変形してつぎのように表記する場合がある。

$$(\lambda + 2\mu)\frac{\partial e}{\partial x} - \mu\left(\frac{\partial \omega_z}{\partial y} - \frac{\partial \omega_y}{\partial z}\right) = \rho \frac{\partial^2 u}{\partial t^2}$$

$$(\lambda + 2\mu)\frac{\partial e}{\partial y} - \mu\left(\frac{\partial \omega_x}{\partial z} - \frac{\partial \omega_z}{\partial x}\right) = \rho \frac{\partial^2 v}{\partial t^2}$$ (1.9)

$$(\lambda + 2\mu)\frac{\partial e}{\partial z} - \mu\left(\frac{\partial \omega_y}{\partial x} - \frac{\partial \omega_x}{\partial y}\right) = \rho \frac{\partial^2 w}{\partial t^2}$$

ここで，$(\omega_x, \omega_y, \omega_z)$ は (x, y, z) 軸回りの回転角成分であり，つぎのように定義される。

$$\omega_x = \frac{\partial w}{\partial y} - \frac{\partial v}{\partial z}, \qquad \omega_y = \frac{\partial u}{\partial z} - \frac{\partial w}{\partial x}, \qquad \omega_z = \frac{\partial v}{\partial x} - \frac{\partial u}{\partial y}$$

式 (1.8) をベクトル表示すれば，つぎのようになる。

$$(\lambda + \mu)\nabla\Delta + \mu\nabla^2 \boldsymbol{u} = \rho \frac{\partial^2 \boldsymbol{u}}{\partial t^2}$$ (1.10)

ここで

$$\boldsymbol{u} = u\boldsymbol{i} + v\boldsymbol{j} + w\boldsymbol{k}, \qquad \nabla \equiv \frac{\partial}{\partial x}\boldsymbol{i} + \frac{\partial}{\partial y}\boldsymbol{j} + \frac{\partial}{\partial z}\boldsymbol{k},$$

$$\nabla^2 = \nabla \cdot \nabla = \frac{\partial^2}{\partial x^2} + \frac{\partial^2}{\partial y^2} + \frac{\partial^2}{\partial z^2},$$

$$\Delta = \varepsilon_x + \varepsilon_y + \varepsilon_z = \frac{\partial u}{\partial x} + \frac{\partial v}{\partial y} + \frac{\partial w}{\partial z}$$

であり，$(\boldsymbol{i}, \boldsymbol{j}, \boldsymbol{k})$ は (x, y, z) 軸方向単位ベクトルを表す。

1.1.5 変位ポテンシャル

式 (1.8) をそのまま問題の解析に利用するのは困難であるため，別の形にすることが必要である。ヘルムホルツ（Helmholtz）は，変位場を移動と回転に分解して基礎方程式を解きやすい形にする定理を示した。すなわち，**変位ポテンシャルを以下のように定義されるスカラポテンシャル** φ **とベクトルポテンシャル** $\boldsymbol{H}$ **の導入によって分解できること**を明らかにしている。

$$\boldsymbol{u} = \nabla\varphi + \nabla \times \boldsymbol{H} \tag{1.11}$$

ここで

$$\nabla \cdot \boldsymbol{H} = 0$$

である。

この φ および $H(H_x, H_y, H_z)$ を具体的に記述すれば，つぎのようになる。

$$\left.\begin{aligned}
u &= \frac{\partial\varphi}{\partial x} + \frac{\partial H_z}{\partial y} - \frac{\partial H_y}{\partial z} \\
v &= \frac{\partial\varphi}{\partial y} + \frac{\partial H_x}{\partial z} - \frac{\partial H_z}{\partial x} \\
w &= \frac{\partial\varphi}{\partial z} + \frac{\partial H_y}{\partial x} - \frac{\partial H_x}{\partial y}
\end{aligned}\right\} \tag{1.12}$$

ただし

$$\frac{\partial H_x}{\partial x} + \frac{\partial H_y}{\partial y} + \frac{\partial H_z}{\partial z} = 0$$

である。

式 (1.11) を式 (1.8) に代入して整理すれば，つぎのようになる。

$$\nabla\left\{(\lambda + 2\mu)\nabla^2\varphi - \rho\frac{\partial^2\varphi}{\partial t^2}\right\} + \nabla \times \left(\mu\nabla^2\boldsymbol{H} - \rho\frac{\partial^2\boldsymbol{H}}{\partial t^2}\right) = \boldsymbol{0} \tag{1.13}$$

式 (1.13) を恒久的に満足させるための条件として，つぎの二つの波動方程式が得られる。

$$\left.\begin{aligned}
(\lambda + 2\mu)\nabla^2\varphi &= \rho\frac{\partial^2\varphi}{\partial t^2} \\
\mu\nabla^2\boldsymbol{H} &= \rho\frac{\partial^2\boldsymbol{H}}{\partial t^2}
\end{aligned}\right\} \tag{1.14}$$

ここで，φ は**体積変化**（dilatational wave）の波動，すなわち縦波あるいは疎密波を，$\boldsymbol{H}$ は**ゆがみ**（distortional wave）の波動，すなわち横波あるいはせん断波を表しており，**伝播速度**は，それぞれつぎのようになる。

$$c_1 = \sqrt{\frac{\lambda + 2\mu}{\rho}} = \sqrt{\frac{(1-\nu)E}{\rho(1+\nu)(1-2\nu)}}, \qquad c_2 = \sqrt{\frac{\mu}{\rho}} = \sqrt{\frac{G}{\rho}}$$

したがって，$c_1 > c_2$ の関係が成り立つ。

これを用いれば，式 (1.14) はつぎのように書くことができる。

$$\nabla^2 \varphi = \frac{1}{c_1^2}\frac{\partial^2 \varphi}{\partial t^2}, \qquad \nabla^2 \boldsymbol{H} = \frac{1}{c_2^2}\frac{\partial^2 \boldsymbol{H}}{\partial t^2}$$

1.2 二次元基礎方程式

1.2.1 平衡方程式

薄い平板の面内変形問題は，平面応力状態で**図 1.2** に示すような (x, y) 平面内の二次元問題と考えることができる。この場合は，面外方向（z 方向）の応力成分は零であると考えることができ，平衡方程式はつぎのようになる。

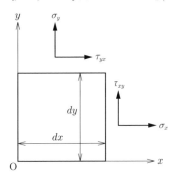

図 1.2 微小要素の力の釣合い
（直角座標，二次元）

平衡方程式（並進）:

$$\left.\begin{array}{l} \dfrac{\partial \sigma_x}{\partial x} + \dfrac{\partial \tau_{yx}}{\partial y} + X = 0 \\[3mm] \dfrac{\partial \tau_{xy}}{\partial x} + \dfrac{\partial \sigma_y}{\partial y} + Y = 0 \end{array}\right\} \tag{1.15}$$

一方，回転の釣合い式は式 (1.2) と同様で，つぎのようになる。

平衡方程式（回転）:

$$\tau_{xy} = \tau_{yx}$$

1.2.2 構　成　式

二次元における応力成分とひずみ成分の関係式を求めれば，つぎのようになる。

$$\left.\begin{aligned}
\varepsilon_x &= \frac{1}{E}\left(\sigma_x - \nu\sigma_y\right) \\
\varepsilon_y &= \frac{1}{E}\left(\sigma_y - \nu\sigma_x\right) \\
\gamma_{xy} &= \frac{1}{G}\tau_{xy}
\end{aligned}\right\}
\tag{1.16}$$

これらを応力成分について求めれば，つぎのようになる。

$$\left.\begin{aligned}
\sigma_x &= \frac{E}{1-\nu^2}(\varepsilon_x + \nu\varepsilon_y) \\
\sigma_y &= \frac{E}{1-\nu^2}(\varepsilon_y + \nu\varepsilon_x) \\
\tau_{xy} &= G\gamma_{xy}
\end{aligned}\right\}
\tag{1.17}$$

1.2.3 連 続 条 件 式

連続条件は，式 (1.7) と同様でつぎのようになる。

$$\varepsilon_x = \frac{\partial u}{\partial x}, \qquad \varepsilon_y = \frac{\partial v}{\partial y}, \qquad \gamma_{xy} = \frac{\partial u}{\partial y} + \frac{\partial v}{\partial x} \tag{1.18}$$

1.2.4 変 位 の 方 程 式

式 (1.17) を式 (1.15) に代入し，式 (1.18) を用いれば，つぎのような変位の方程式が得られる。

$$\left.\begin{aligned}
\left(\frac{\nu E}{1-\nu^2} + G\right)\left(\frac{\partial^2 u}{\partial x^2} + \frac{\partial^2 v}{\partial x \partial y}\right) + G\nabla^2 u &= \rho\frac{\partial^2 u}{\partial t^2} \\
\left(\frac{\nu E}{1-\nu^2} + G\right)\left(\frac{\partial^2 u}{\partial x \partial y} + \frac{\partial^2 v}{\partial y^2}\right) + G\nabla^2 v &= \rho\frac{\partial^2 v}{\partial t^2}
\end{aligned}\right\}
\tag{1.19}$$

1.2.5 変位ポテンシャル

式 (1.19) を解きやすくするため，三次元基礎式の場合と同様に変位ポテンシャルを導入する。xy 平面内の二次元問題における変位ポテンシャルは，式 (1.12) 中の φ と H_z だけを考えればよいので，ここでは改めて H_z を H として，つぎのように変位ポテンシャルを定義することにする。

$$\left.\begin{array}{l} u = \dfrac{\partial \varphi}{\partial x} + \dfrac{\partial H}{\partial y} \\[2mm] v = \dfrac{\partial \varphi}{\partial y} - \dfrac{\partial H}{\partial x} \end{array}\right\} \tag{1.20}$$

これを式 (1.19) に代入すれば，次式が得られる。

$$\left.\begin{array}{l} \dfrac{\partial}{\partial x}\left\{\left(\dfrac{\nu E}{1-\nu^2}+2G\right)\nabla^2\varphi - \rho\dfrac{\partial^2\varphi}{\partial t^2}\right\} + \dfrac{\partial}{\partial y}\left(G\nabla^2 H - \rho\dfrac{\partial^2 H}{\partial t^2}\right) = 0 \\[4mm] \dfrac{\partial}{\partial y}\left\{\left(\dfrac{\nu E}{1-\nu^2}+2G\right)\nabla^2\varphi - \rho\dfrac{\partial^2\varphi}{\partial t^2}\right\} - \dfrac{\partial}{\partial x}\left(G\nabla^2 H - \rho\dfrac{\partial^2 H}{\partial t^2}\right) = 0 \end{array}\right\} \tag{1.21}$$

これを恒等的に満足させるための条件として，つぎの縦波（疎密波）と横波（せん断波）に関する波動方程式が得られる。

$$\left.\begin{array}{l} \nabla^2\varphi = \dfrac{1}{c_3^2}\dfrac{\partial^2\varphi}{\partial t^2} \\[3mm] \nabla^2 H = \dfrac{1}{c_2^2}\dfrac{\partial^2 H}{\partial t^2} \end{array}\right\} \tag{1.22}$$

ここで

$$c_3 = \sqrt{\left(\dfrac{\nu E}{1-\nu^2}+2G\right)\Big/\rho} = \sqrt{\dfrac{E}{\rho(1-\nu^2)}}, \qquad c_2 = \sqrt{\dfrac{G}{\rho}},$$

$$\nabla^2 \equiv \dfrac{\partial^2}{\partial x^2} + \dfrac{\partial^2}{\partial y^2}$$

であり，c_3 は二次元における縦波の伝播速度であり，c_2 は横波（せん断波）の伝播速度であり，$c_1 > c_3 > c_2$ の関係が成立する。

式 (1.21) は，$G = \mu$，$\nu E/(1-\nu^2) = \lambda$ とおけば，式 (1.13) と同じ形式になっている。

1.3　一次元基礎方程式

　二次元からさらに次元を減らして一次元とすれば，**図 1.3** に示すような細長い棒の長さ方向（x 方向）に働く力と変形の問題となる。これは，棒の縦衝撃問題といわれ，平衡方程式，構成式，連続条件式は以下のようになる。

図 1.3　微小要素の力の釣合い（一次元）

平衡方程式（並進）:

$$\frac{\partial \sigma_x}{\partial x} + X = 0 \tag{1.23}$$

構　成　式:

$$\sigma_x = E\varepsilon_x \tag{1.24}$$

連続条件式:

$$\varepsilon_x = \frac{\partial u}{\partial x} \tag{1.25}$$

　式 (1.24) を式 (1.23) に代入し，式 (1.25) を用いれば，つぎのような変位 u に関する波動方程式が得られる。

$$\frac{\partial^2 u}{\partial x^2} = \frac{1}{c_0^2}\frac{\partial^2 u}{\partial t^2} \tag{1.26}$$

ここで，$c_0 = \sqrt{E/\rho}$ であり，一次元における縦波（応力波）の伝播速度である。なお三次元と二次元の波動伝播速度とは，$c_1 > c_3 > c_0$ の関係にある。

　また，一次元波動伝播としては，細長い丸棒中を伝播するねじり応力波がある。この問題は，本書では取り扱わないが，伝播速度が c_2 となる以外は基本的に本節の縦衝撃問題と同じ波動方程式に基づく現象になる。

【考　察】
　縦波の伝播速度は媒体が一次元から二次元，三次元となるにつれて速くなるのはなぜか考えてみよう。例えば，ポアソン比 ν を 0.3 とすると，$c_1 \approx 1.346c_0$，$c_3 \approx 1.099c_0$ となる。またせん断波の伝播速度は次元によらず一定なのはなぜか考えてみよう。

2 板理論および梁理論

本章では，図 2.1 に示すような薄い板状の構造物の衝撃応答解析に便利なように，1 章で示した弾性基礎方程式を厚さ方向（z 軸方向）に積分した板理論と，これから派生する梁理論の導出を行う。

2.1 板　　理　　論

2.1.1 ミンドリン理論

大きさに比べて厚さが薄い平板の面外曲げ問題において，近似的に成立するであろうと思われるいくつかの仮定を導入して構築された板理論に，ミンドリン（Mindlin）理論がある。ここでは，それらの仮定を用いて三次元理論から板理論が導かれる過程を示す。

図 **2.1** のように，厚さ h の平板の中央に原点 O を定めた直角座標 (x, y, z) を定義する。板の上側の面には，(x, y, z) 軸方向単位面積当りの外力 (q_x^-, q_y^-, q_z^-) が，下側の面には同じく (q_x^+, q_y^+, q_z^+) が働いているものとする。

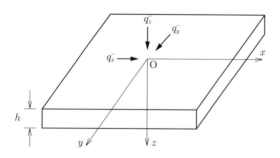

図 **2.1**　平板と座標系

大きさに比べて厚さの薄い平板の場合，(x, y, z) 軸方向の変位成分 (u, v, w) は，つぎのように仮定しても大きな間違いはないものと考えられる。

$$\left.\begin{array}{l} u(x, y, z) = -z\psi_x(x, y) \\ v(x, y, z) = -z\psi_y(x, y) \\ w(x, y, z) = w(x, y) \end{array}\right\} \tag{2.1}$$

ここで，(ψ_x, ψ_y) はそれぞれ x 軸および y 軸に垂直な断面の回転角であり，それぞれ板の変形が上に凸となる回転角が正となる。

式 (2.1) は**キルヒホッフ（Kirchhoff）の仮定**といわれ，板に垂直な厚さ方向直線素は，変形後も直線で伸縮しないという仮定である。この仮定の下では，連続条件式は式 (1.7) に式 (2.1) を代入することにより，つぎのようになる。

連続条件式：

$$\left.\begin{array}{l} \varepsilon_x = -z\dfrac{\partial \psi_x}{\partial x}, \quad \varepsilon_y = -z\dfrac{\partial \psi_y}{\partial y}, \quad \varepsilon_z = 0 \\[2mm] \gamma_{xy} = -z\left(\dfrac{\partial \psi_x}{\partial y} + \dfrac{\partial \psi_y}{\partial x}\right) \\[2mm] \gamma_{yz} = -\psi_y + \dfrac{\partial w}{\partial y} \\[2mm] \gamma_{zx} = -\psi_x + \dfrac{\partial w}{\partial x} \end{array}\right\} \tag{2.2}$$

板理論では，三次元理論における変位成分 (u, v, w) の代わりに (ψ_x, ψ_y, w) を用いることになるが，これらの成分は z の関数ではない。

薄い板では，厚さ方向の垂直応力は無視しても大きな誤りはないものと考えられるので，構成式には，(x, y) 面内のつぎの二次元平面応力状態の関係式を用いることにする。

構 成 式：

$$\left.\begin{array}{l} \sigma_x = \dfrac{E}{1 - \nu^2}(\varepsilon_x + \nu\,\varepsilon_y) \\[2mm] \sigma_y = \dfrac{E}{1 - \nu^2}(\varepsilon_y + \nu\,\varepsilon_x) \\[2mm] \sigma_z = 0 \\[2mm] \tau_{xy} = G\gamma_{xy}, \quad \tau_{yz} = G\gamma_{yz}, \quad \tau_{zx} = G\gamma_{zx} \end{array}\right\} \tag{2.3}$$

平衡方程式については，三次元の式 (1.1) を板厚方向について積分することにより求める。

まず，並進の釣合い式を求めるために z により積分すると

$$
\left.
\begin{array}{l}
\dfrac{\partial}{\partial x}\displaystyle\int_{-h/2}^{h/2}\sigma_x dz + \dfrac{\partial}{\partial y}\displaystyle\int_{-h/2}^{h/2}\tau_{yx} dz + \displaystyle\int_{-h/2}^{h/2}\dfrac{\partial \tau_{zx}}{\partial z}dz = \rho\dfrac{\partial^2}{\partial t^2}\displaystyle\int_{-h/2}^{h/2}u\,dz \\[3mm]
\dfrac{\partial}{\partial x}\displaystyle\int_{-h/2}^{h/2}\tau_{xy} dz + \dfrac{\partial}{\partial y}\displaystyle\int_{-h/2}^{h/2}\sigma_y dz + \displaystyle\int_{-h/2}^{h/2}\dfrac{\partial \tau_{zy}}{\partial z}dz = \rho\dfrac{\partial^2}{\partial t^2}\displaystyle\int_{-h/2}^{h/2}v\,dz \\[3mm]
\dfrac{\partial}{\partial x}\displaystyle\int_{-h/2}^{h/2}\tau_{xz} dz + \dfrac{\partial}{\partial y}\displaystyle\int_{-h/2}^{h/2}\tau_{yz} dz + \displaystyle\int_{-h/2}^{h/2}\dfrac{\partial \sigma_z}{\partial z}dz = \rho\dfrac{\partial^2}{\partial t^2}\displaystyle\int_{-h/2}^{h/2}w\,dz
\end{array}
\right\}
\tag{2.4}
$$

ここで，式 (2.1)～(2.3) を用いると第一式および第二式の各項はすべて零になり，第三式だけが残ることがわかる。

つぎに，回転の釣合いを求めるために z を乗じた上で z により積分すると，つぎのようになる。

$$
\left.
\begin{array}{l}
\dfrac{\partial}{\partial x}\displaystyle\int_{-h/2}^{h/2}\sigma_x z\,dz + \dfrac{\partial}{\partial y}\displaystyle\int_{-h/2}^{h/2}\tau_{yx} z\,dz + \displaystyle\int_{-h/2}^{h/2}\dfrac{\partial \tau_{zx}}{\partial z}z\,dz = \rho\dfrac{\partial^2}{\partial t^2}\displaystyle\int_{-h/2}^{h/2}uz\,dz \\[3mm]
\dfrac{\partial}{\partial x}\displaystyle\int_{-h/2}^{h/2}\tau_{xy} z\,dz + \dfrac{\partial}{\partial y}\displaystyle\int_{-h/2}^{h/2}\sigma_y z\,dz + \displaystyle\int_{-h/2}^{h/2}\dfrac{\partial \tau_{zy}}{\partial z}z\,dz = \rho\dfrac{\partial^2}{\partial t^2}\displaystyle\int_{-h/2}^{h/2}vz\,dz \\[3mm]
\dfrac{\partial}{\partial x}\displaystyle\int_{-h/2}^{h/2}\tau_{xz} z\,dz + \dfrac{\partial}{\partial y}\displaystyle\int_{-h/2}^{h/2}\tau_{yz} z\,dz + \displaystyle\int_{-h/2}^{h/2}\dfrac{\partial \sigma_z}{\partial z}z\,dz = \rho\dfrac{\partial^2}{\partial t^2}\displaystyle\int_{-h/2}^{h/2}zw\,dz
\end{array}
\right\}
\tag{2.5}
$$

ここで，式 (2.1)～(2.3) を用いると第三式の各項はすべて零になり，第一式と第二式だけが残ることがわかる。

式 (2.4) および式 (2.5) における残った式を改めて書き直すと，以下のようになる。

平衡方程式：

$$
\left.\begin{aligned}
Q_x - \frac{\partial M_x}{\partial x} - \frac{\partial M_{yx}}{\partial y} + T_x &= \rho I \frac{\partial^2 \psi_x}{\partial t^2} \\
Q_y - \frac{\partial M_y}{\partial y} - \frac{\partial M_{xy}}{\partial x} + T_y &= \rho I \frac{\partial^2 \psi_y}{\partial t^2} \\
\frac{\partial Q_x}{\partial x} + \frac{\partial Q_y}{\partial y} + q_z &= \rho h \frac{\partial^2 w}{\partial t^2}
\end{aligned}\right\} \tag{2.6}
$$

ここで

$$
\left.\begin{aligned}
M_x &= \int_{-h/2}^{h/2} \sigma_x z\,dz = -D\left(\frac{\partial \psi_x}{\partial x} + \nu \frac{\partial \psi_y}{\partial y}\right) \\
M_y &= \int_{-h/2}^{h/2} \sigma_y z\,dz = -D\left(\frac{\partial \psi_y}{\partial y} + \nu \frac{\partial \psi_x}{\partial x}\right) \\
M_{xy} = M_{yx} &= \int_{-h/2}^{h/2} \tau_{xy} z\,dz = -\frac{D(1-\nu)}{2}\left(\frac{\partial \psi_y}{\partial x} + \frac{\partial \psi_x}{\partial y}\right) \\
Q_x &= \int_{-h/2}^{h/2} \tau_{xz}\,dz = k^2 Gh\left(\frac{\partial w}{\partial x} - \psi_x\right) \\
Q_y &= \int_{-h/2}^{h/2} \tau_{yz}\,dz = k^2 Gh\left(\frac{\partial w}{\partial y} - \psi_y\right)
\end{aligned}\right\}
$$

$$(2.7)^{\dagger}$$

また，他の記号はつぎのように定義されるものである。

$$
T_x = [z\tau_{zx}]_{-h/2}^{h/2} = \frac{h}{2}[q_x^+ + q_x^-], \qquad T_y = [z\tau_{zy}]_{-h/2}^{h/2} = \frac{h}{2}[q_y^+ + q_y^-],
$$

$$
q_z = [\sigma_z]_{-h/2}^{h/2} = -q_z^+ + q_z^-, \qquad I = \frac{h^3}{12}, \qquad D = \frac{Eh^3}{12(1-\nu^2)}
$$

ただし，(M_x, M_y) は**曲げモーメント**，(M_{xy}, M_{yx}) は**ねじりモーメント**，(Q_x, Q_y) は**せん断力**と呼ばれるものであり，応力を積分して定義されるものであるから **合応力成分**と総称されている。Q_x および Q_y の定義式に乗じている k^2 は**修正係数**と呼ばれるもので，本式のように構成式に乗じる場合があるが，$k^2 = 1$ と

---

† 式 (2.7) では，ねじりモーメント M_{xy} の定義がいわゆるティモシェンコ (Timoshenko) 流の定義とは符号が異なるが，本書ではこの定義式を用いる。なお，定義式の符号が異なるだけで以後の基礎方程式にはなんら影響はない。

しても差し支えない。

また，(T_x, T_y, q_z) は板の上下面に作用する外力成分である。さらに，式 (2.6) の第一式および第二式の右辺は回転慣性，第三式の右辺は並進慣性であり，ρI は慣性モーメントとなる。

式 (2.6) を変位成分 (ψ_x, ψ_y, w) で表せば，以下のように三元連立偏微分方程式が得られる。

$$\left.\begin{aligned}
\frac{\partial^2 \psi_x}{\partial x^2} + \frac{1-\nu}{2}\frac{\partial^2 \psi_x}{\partial y^2} + \frac{1+\nu}{2}\frac{\partial^2 \psi_y}{\partial x \partial y} + \frac{k^2 G h}{D}\left(\frac{\partial w}{\partial x} - \psi_x\right) &= \frac{\rho h^3}{12D}\frac{\partial^2 \psi_x}{\partial t^2} \\
\frac{1-\nu}{2}\frac{\partial^2 \psi_y}{\partial x^2} + \frac{\partial^2 \psi_y}{\partial y^2} + \frac{1+\nu}{2}\frac{\partial^2 \psi_x}{\partial x \partial y} + \frac{k^2 G h}{D}\left(\frac{\partial w}{\partial y} - \psi_y\right) &= \frac{\rho h^3}{12D}\frac{\partial^2 \psi_y}{\partial t^2} \\
-k^2 G h\left(\frac{\partial^2 w}{\partial x^2} + \frac{\partial^2 w}{\partial y^2} - \frac{\partial \psi_x}{\partial x} - \frac{\partial \psi_y}{\partial y}\right) + \rho h\frac{\partial^2 w}{\partial t^2} &= q
\end{aligned}\right\}$$

$$(2.8)$$

ここでは，(T_x, T_y) は省略しており，q_z を q としている。

【考　察】
式 (2.4) と式 (2.5) を積分して式 (2.6) を求めてみよう。

2.1.2　ラグランジュ理論

前節の理論にさらに近似を導入して簡単化を図った，いわゆる**ラグランジュ** (Lagrange) **理論**について述べる。この理論は古典理論としてよく知られている。薄い板では，せん断力 Q_x, Q_y によるせん断変形，すなわち板の面外方向のせん断ひずみ γ_{yz}, γ_{xz} は，無視できる程度に小さいものと考えることができる。

このせん断変形無視の仮定を導入すると，式 (2.7) からつぎの関係が得られる。

$$\psi_x = \frac{\partial w}{\partial x}, \qquad \psi_y = \frac{\partial w}{\partial y} \tag{2.9}$$

この場合，せん断力 Q_x, Q_y は変形を無視したことにより構成式から求めることができなくなり，平衡方程式 (2.6) からつぎのように求めることになる。

$$Q_x = \frac{\partial M_x}{\partial x} + \frac{\partial M_{yx}}{\partial y} + \rho I \frac{\partial^3 w}{\partial x \partial t^2} \left.\begin{array}{c}\\\\\end{array}\right\}$$
$$Q_y = \frac{\partial M_y}{\partial y} + \frac{\partial M_{xy}}{\partial x} + \rho I \frac{\partial^3 w}{\partial y \partial t^2}$$

$$(2.10)$$

これを，式 (2.6) の第三式に代入すれば

$$\frac{\partial^2 M_x}{\partial x^2} + 2\frac{\partial^2 M_{xy}}{\partial x \partial y} + \frac{\partial^2 M_y}{\partial y^2} + q = (\rho h - \rho I \nabla^2)\frac{\partial^2 w}{\partial t^2} \qquad (2.11)$$

また，合応力成分 M_x, M_y, M_{xy} の定義式は，式 (2.7) に式 (2.9) を代入することによりつぎのようになる。

$$M_x = -D\left(\frac{\partial^2 w}{\partial x^2} + \nu\frac{\partial^2 w}{\partial y^2}\right) \left.\begin{array}{c}\\\\\\\\\\\end{array}\right\}$$
$$M_y = -D\left(\frac{\partial^2 w}{\partial y^2} + \nu\frac{\partial^2 w}{\partial x^2}\right)$$
$$M_{xy} = M_{yx} = -D(1-\nu)\frac{\partial^2 w}{\partial x \partial y}$$

$$(2.12)$$

これを，式 (2.11) に代入することにより，たわみ w に関する方程式が得られ，つぎのようになる。

$$\nabla^4 w + \left(\frac{\rho h}{D} - \frac{\rho I}{D}\nabla^2\right)\frac{\partial^2 w}{\partial t^2} = \frac{q}{D} \qquad (2.13)$$

ここで

$$\nabla^4 \equiv (\nabla^2)^2 \equiv \left(\frac{\partial^2}{\partial x^2} + \frac{\partial^2}{\partial y^2}\right)^2$$

である。

　慣性モーメント ρI を零とすれば，回転の慣性力を無視した場合の結果となる。なお，古典理論では回転慣性の項は微小であるため無視して考えるのが普通である。この場合，式 (2.13) はつぎのようになる。

$$\nabla^4 w + \frac{\rho h}{D}\frac{\partial^2 w}{\partial t^2} = \frac{q}{D} \qquad (2.14)$$

2.2　梁　　理　　論

2.2.1　ティモシェンコ理論

梁理論は，基本的にミンドリン理論から座標の次元を落とすことによって導かれ，梁の**ティモシェンコ理論**として知られている。

図 2.1 において y 軸を考慮しなければ，**図 2.2** のようになる。すると変位成分の定義式は

$$\left. \begin{array}{l} u(x,z) = -z\psi(x) \\ w(x,z) = w(x) \end{array} \right\} \tag{2.15}$$

となり，連続条件式は

$$\left. \begin{array}{l} \varepsilon = -z\dfrac{\partial \psi}{\partial x} \\ \gamma = -\psi + \dfrac{\partial w}{\partial x} \end{array} \right\} \tag{2.16}$$

となる。構成式については，つぎの一次元の関係式を用いることになる。

$$\sigma = E\varepsilon \tag{2.17}$$

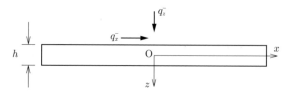

図 2.2　梁 と 座 標 系

そして，平衡方程式は，つぎのようになる。

$$\left. \begin{array}{l} Q - \dfrac{\partial M}{\partial x} + T = \rho I \dfrac{\partial^2 \psi}{\partial t^2} \\ \dfrac{\partial Q}{\partial x} + q = \rho A \dfrac{\partial^2 w}{\partial t^2} \end{array} \right\} \tag{2.18}$$

ここで，合応力成分 M および Q はつぎのように定義される。

$$M = \int_{-h/2}^{h/2} \sigma z dA = -EI \frac{\partial \psi}{\partial x} \left.\begin{array}{c} \\ \\ \\ \end{array}\right\}$$
$$Q = \int_{-h/2}^{h/2} \tau dA = k^2 GA\gamma \qquad (2.19)$$

ただし

$$I = \int_{-h/2}^{h/2} z^2 dA, \qquad T = \frac{h}{2}(q_x^+ + q_x^-), \qquad q = -q_z^+ + q_z^-$$

であり，A は梁の断面積である。式 (2.19) を式 (2.18) に代入すれば，つぎのような変位成分 (ψ, w) に関する方程式が得られる。

$$EI \frac{\partial^2 \psi}{\partial x^2} + k^2 GA \left(\frac{\partial w}{\partial x} - \psi \right) = \rho I \frac{\partial^2 \psi}{\partial t^2} \left.\begin{array}{c} \\ \\ \\ \end{array}\right\}$$
$$-k^2 GA \left(\frac{\partial^2 w}{\partial x^2} - \frac{\partial \psi}{\partial x} \right) + \rho A \frac{\partial^2 w}{\partial t^2} = q \qquad (2.20)$$

これから，ψ を消去して，w だけに関する方程式を導けばつぎのようになる。

$$EI \frac{\partial^4 w}{\partial x^4} + \rho A \frac{\partial^2 w}{\partial t^2} - \rho I \left(1 + \frac{E}{k^2 G} \right) \frac{\partial^4 w}{\partial x^2 \partial t^2} + \frac{\rho^2 I}{k^2 G} \frac{\partial^4 w}{\partial t^4}$$
$$= q + \frac{\rho I}{k^2 GA} \frac{\partial^2 q}{\partial t^2} - \frac{EI}{k^2 GA} \frac{\partial^2 q}{\partial x^2} \qquad (2.21)$$

ここで，I は**断面二次モーメント**であり，ρI は回転の慣性モーメントとなる。

合応力である曲げモーメント M から応力 σ を求める場合には，式 (2.17) から

$$\sigma = E\varepsilon = -Ez \frac{\partial \psi}{\partial x}$$

となるので，式 (2.19) からつぎのようになる。

$$\sigma = \frac{M}{I} z \qquad (2.22)$$

2.2.2　ベルヌーイ・オイラー理論

ティモシェンコ理論において梁のせん断変形を無視すると，ベルヌーイ・オイラー（Bernoulli–Euler）理論が導かれる。これは，梁の古典理論として広く

知られている。

せん断変形を無視すると

$$\psi = \frac{\partial w}{\partial x} \tag{2.23}$$

なる関係が得られ，たわみ w だけの方程式はつぎのようになる。

$$EI\frac{\partial^4 w}{\partial x^4} + \left(\rho A - \rho I\frac{\partial^2}{\partial x^2}\right)\frac{\partial^2 w}{\partial t^2} = q \tag{2.24}$$

さらに梁の高さが小さければ $A \gg I$ となるので，ρI の項を無視すれば，**回転慣性**を無視したことになり，次式が得られる。

$$EI\frac{\partial^4 w}{\partial x^4} + \rho A\frac{\partial^2 w}{\partial t^2} = q \tag{2.25}$$

【考　察】

　本章の板理論や梁理論に出てくる微分方程式は，1章に出てくるつぎのような波動方程式の一般形とは異なっているが，その理由について考えてみよう。

$$\nabla^2 f = \frac{1}{c^2}\frac{\partial^2 f}{\partial t^2}$$

3

棒 の 縦 衝 撃

本章では，1章の基礎理論において示した棒の縦衝撃問題を考える。

最初に棒の縦衝撃問題は，一次元波動伝播現象として棒の衝撃応答を解析できることを説明し，この問題は図式的に解析できることを示す。併せて基礎方程式を数学的に解いて解析する方法も示し，棒の縦衝撃問題を通じて衝撃現象の基本的な理解を得ることを目指す。

3.1　波動方程式と棒中を伝播する波動の性質

3.1.1　衝突速度と発生応力との関係

図 **3.1** のように，細長い棒が長さ方向に衝撃を受ける縦衝撃問題では，棒を一次元構造と見なすことができ，棒の応答はつぎのような 1.3 節で示した基礎方程式によって記述される。

$$\frac{\partial^2 u}{\partial x^2} = \frac{1}{c^2}\frac{\partial^2 u}{\partial t^2} \qquad \left(c^2 = \frac{E}{\rho}\right) \tag{3.1}$$

ここで，c は 1 章における c_0 を指すが，本章では添字 0 を省略することにする。

この方程式の解は，任意関数 $f_1(x - ct)$ および $f_2(x + ct)$ によってつぎのように表される。

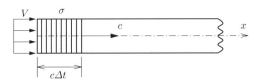

図 **3.1**　衝撃速度と発生応力

$$u = f_1(x - ct) + f_2(x + ct) \tag{3.2}$$

すなわち，解は x 軸の正の方向と負の方向に形を変えずに速度 c で伝播する波動（分散現象のない波）の重ね合せとして表されることがわかる。

　例えば図 3.1 の問題では，棒の端面が速度 V の衝撃を受けることにより衝突端の速度が V となり，その速度 V の領域が速度 c で x 軸方向に伝播していくことになる。衝突後 Δt の時間が経過した時点では波動は $c\Delta t$ まで伝播し，$0 < x < c\Delta t$ の範囲では一様な圧縮応力 σ により一様なひずみ ε が生じている。一方で，まだ波動が到達していない $c\Delta t < x$ の領域では応力は 0 であり，依然として静止しており速度は 0 の状態に留まっている。したがって，端面 $x = 0$ の位置は $V\Delta t\ (= u_1)$ だけ x 軸方向に移動している。この移動距離は棒が縮んだ量 u_2 と等しいので，つぎの式が成り立つ。

$$u_1 = V\Delta t, \qquad u_2 = \varepsilon c\Delta t, \qquad u_1 = u_2$$

これから Δt を消去して $\varepsilon = \sigma/E$ の関係を用いると，つぎの関係式が得られる。

$$\sigma = \frac{E}{c}V = \rho cV \tag{3.3}$$

　すなわち，σ は V と比例関係にあり，その比例定数 ρc は，縦衝撃における棒の動的な変形抵抗，すなわち**インピーダンス**と呼ばれる。

　このインピーダンスは，σ に棒の断面積 A を乗じた力 $F\ (= A\sigma)$ と速度 V との比例定数として，つぎのように定義されることが多い。

$$F = A\rho cV = IV \tag{3.4}$$

ここで

$$I = A\rho c$$

である。

　この波動は物質中を伝播する音波と同じであるが，ここでは**応力波**と呼び，引張力によって発生する場合は**引張応力波**，圧縮力によって発生する場合は**圧縮**

応力波と呼ぶことにする。また，この応力波は物質が弾性範囲内にあるものと
しているので，**弾性波**とも呼ばれ，波動の進行方向と振幅方向が同じであるこ
とから**縦波**とも呼ばれる。この伝播速度 c は式 (3.1) によれば伝播する材料の
縦弾性係数（**ヤング率**）と密度によって決まり，主な材料中における伝播速度
は**表 3.1** のようになる。

表 3.1　各種材料中の応力波の伝播速度（括弧内は重力単位による数値）

材　料	ヤ ン グ 率 E〔GPa〕	質 量 密 度 ρ〔kg/m^3〕	速　　度 c〔m/s〕
鉄　鋼	206 $(2.1 \times 10^4 \, \text{kgf/mm}^2)$	7.86×10^3	5 120
アルミニウム	71 $(0.72 \times 10^4 \, \text{kgf/mm}^2)$	2.7×10^3	5 110
銅	123 $(1.23 \times 10^4 \, \text{kgf/mm}^2)$	8.65×10^3	3 760
鉛	17 $(0.17 \times 10^4 \, \text{kgf/mm}^2)$	11.3×10^3	1 210
ガ ラ ス	69 $(0.7 \times 10^4 \, \text{kgf/mm}^2)$	2.5×10^3	5 240
コンクリート	20 $(0.2 \times 10^4 \, \text{kgf/mm}^2)$	2.0×10^3	3 130
合 成 樹 脂	3.9 $(0.04 \times 10^4 \, \text{kgf/mm}^2)$	1.3×10^3	1 740
ゴ　ム	$0.0015 \sim 0.005$	0.94×10^3	$40 \sim 73$

〔参考〕　$G \equiv 10^9$, $Pa \equiv N/m^2$, $N \equiv kg\cdot m/s^2$, $1\,kgf \equiv 9.8\,N$,
　　　　$1\,kgf/mm^2 \equiv 9.8\,MPa$
　　　　水：$c = 1\,430\,m/s$，空気：$c = 340\,m/s$

また，衝撃によって生ずる棒の変位速度は，波動の伝播速度 c と区別するた
めに**粒子速度**とも呼ばれる。

【考　察】
　静力学と動力学を対比して，インピーダンスとはどのような概念か考えてみよう。

3.1.2　応力波の伝播と反射および透過

　棒中に発生する応力波は，前項で述べたようにその性質上縦波（疎密波）で
あり，つぎのように表される 2 種類の波があり，± の符号によって区別する。

　　引張応力波（符号 +）…………… 疎

　　圧縮応力波（符号 −）…………… 密

　そして，応力波が**図 3.2** に示すようなインピーダンスの変化する不連続面（棒
Ⅰ と棒 Ⅱ の境界）に到達すると，反射波と透過波に分解される。いま，棒のイ
ンピーダンスがつぎのように与えられているとする。

　　棒 Ⅰ のインピーダンス：　$I_1 = A_1\rho_1 c_1$

　　棒 Ⅱ のインピーダンス：　$I_2 = A_2\rho_2 c_2$

大きさ σ_0 の応力波が棒 Ⅰ から棒 Ⅱ へ入射したとき，不連続面において $\sigma_R\,(=\alpha\sigma_0)$
が反射し，$\sigma_T\,(=\beta\sigma_0)$ が透過するものとして，**反射率** α および**透過率** β につ
いて考察してみる。

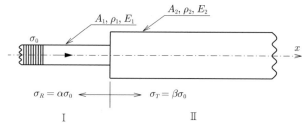

図 3.2　インピーダンスが異なる位置における応力波の反射と透過

　不連続面における力の釣合いと速度の連続条件により，つぎの関係式が成立
する。

$$\left.\begin{array}{l} (\sigma_0 + \sigma_R)A_1 = \sigma_T A_2 \\[2mm] \dfrac{\sigma_0}{\rho_1 c_1} - \dfrac{\sigma_R}{\rho_1 c_1} = \dfrac{\sigma_T}{\rho_2 c_2} \end{array}\right\} \tag{3.5}$$

これに $\sigma_R = \alpha\sigma_0$，$\sigma_T = \beta\sigma_0$ を代入して α と β を求めれば，つぎのように
なる。

$$\left.\begin{array}{l} \text{反射率：}\quad \alpha = \dfrac{I_2 - I_1}{I_1 + I_2} \\[3mm] \text{透過率：}\quad \beta = \dfrac{2I_2}{I_1 + I_2}\dfrac{A_1}{A_2} \end{array}\right\} \tag{3.6}$$

したがって，透過波はつねに入射波と同符号の波であり，$I_1 = I_2$ の場合には反射はなく，透過だけとなる。一方，反射波は棒 I と棒 II のインピーダンスの大小関係によって符号が変わり，相手の棒（媒体）のインピーダンスが大きいと同符号の波が，逆に小さいと異符号の波が反射することになる。

特別な場合として，**図 3.3** に示すような自由端あるいは固定端における反射はつぎのようになる。

（I）**自　由　端：**　力の釣合いより，自由端ではつねに応力が零となり，$I_2 = 0$ と考えることができ，$\alpha = -1$ となり，異符号の波が反射される。

（II）**固　定　端：**　変形が拘束されているので，$I_2 = \infty$ と考えることができ，$\alpha = 1$ となり，同符号の波が反射される。

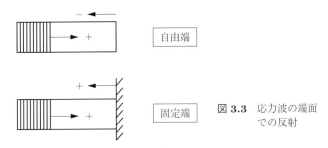

図 3.3 応力波の端面での反射

【考　察】
　一般に縦波の速度が遅い材料（例えば鉛）は緩衝材として使われることが多いが，その理由を考えてみよう。
〈ヒント〉
キャッチボールでボールを受けるとき，手を手前に引くような動作をすると衝撃を弱めることができる。

3.2　図式解法による応力波解析

前節で示したように，縦衝撃を受ける棒中の応力波は波の形を変えずに一定速度で伝播するので，応力波の位置や大きさなどを波動方程式を解かずに図式

的に解析することができる。そこで本節では，棒単体の衝撃問題や，棒と棒とが衝突する二体衝突問題について，図式的に解析する方法を示す。

3.2.1 衝撃力を受ける一端固定棒の問題

例えば，図 **3.4** のような自由端に衝撃力が作用する固定棒中では，図 **3.5** のイメージ図のように，衝撃端において発生した応力波が棒中で伝播と反射を繰り返すことになる。

この図は，ステップ関数状に変化する衝撃荷重 $F_0 H(t)$ が働く瞬間 ① $t = 0$

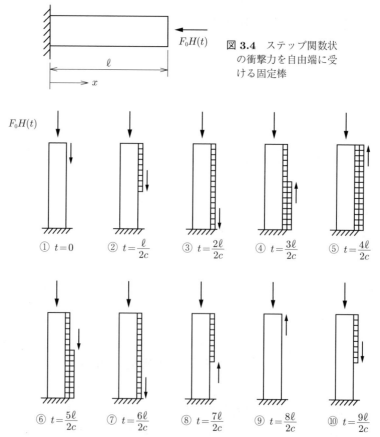

図 **3.4** ステップ関数状の衝撃力を自由端に受ける固定棒

図 **3.5** 衝撃力を自由端に受ける固定棒における波動伝播イメージ

から順に，応力波が棒中を二往復あまりするまでの時間 ⑩ $t = 9\ell/2c$ の様子を，$\ell/2c$ の時間ごとに示している[†1]。最初に発生する波は圧縮応力波で，その大きさ σ_0 は F_0/A であり，伝播速度は c である。$x = 0$ は固定端であるため同じ種類の波が反射され，$x = \ell$ は自由端であるため異なる種類の波が反射される。

この問題では，まず圧縮応力波が伝播し，引張応力波は棒に生じた圧縮の応力場を打ち消す形で伝播しているので，結果的には圧縮の応力波だけしか現れない。この応力波の伝播の様子を，縦軸に棒の位置，横軸に時間をそれぞれとって列車の運行図のようにして表すと，**図 3.6** のようになる。

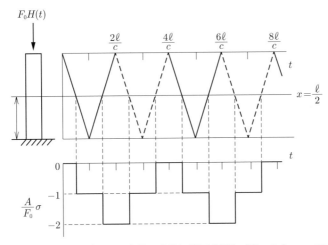

図 3.6 衝撃力を受ける固定棒の波動伝播図式解法（棒の中央 $x = \ell/2$ における応力の時間応答）

この図では，圧縮応力波を実線で，引張応力波を破線でそれぞれ示している[†2]。そして，例えば棒の中央 $x = \ell/2$ における応力の時刻変化を求める場合には，$x = \ell/2$ の点から時間軸に平行に移動しながら，圧縮および引張りの応力波をその交点において順次重ね合わせていけばよい。その結果，図 3.6 の下段のような応力の時刻変化が求められる。

[†1] $H(t)$ はヘビサイド（Heaviside）による**単位ステップ関数**で，後に出てくる図 3.23 のように，時間が 0 を境に値が 0 から 1 に変化する不連続関数である。

[†2] これは，図 3.8，図 3.10，図 3.13，図 3.15，図 3.17，図 3.19，図 3.27 の図式解法図について同様である。

この問題では，荷重をステップ関数状に与えているために，荷重 F_0 はつね
に棒に働いていることになる。一方，棒に蓄えられているひずみエネルギーは，
図 3.5 の状態⑤において最大で $(2\sigma_0)^2 A\ell/2E = 2F_0^2\ell/AE$ であり，一方，状
態⑨においては零であり，この範囲内で変動している。荷重 F_0 がつねに働い
ているにもかかわらず，棒中のひずみエネルギーが状態⑤より増加しないのは，
棒が縮んだ状態から状態⑨にかけて伸びて元の長さに戻っているためで，この
間の荷重は棒に対して負の仕事をしているためである。棒の変位速度（粒子速
度）v は，図 3.6 からわかるように応力波が通過するたびに，$v = 0$，$v = -V_0$，
$v = 0$，$v = V_0$，$v = 0$，$\cdots$ のように変化する。ここで，$V_0 = F_0/A\rho c$ である。

以上のようにして棒中の応力波を解析する方法を**図式解法**といい，与えられ
た問題によっては非常に簡便でしかも厳密な解が得られるので，有力な方法で
ある。この考え方は，本書の実践編 6 章で具体的に取り扱うように，弾性応答
の問題だけでなく，弾塑性応答の問題へも発展させることができる。

3.2.2　衝撃力を受ける両端自由棒の問題

図 **3.7** のように，長さ ℓ の両端自由棒の一端（$x = 0$）にステップ関数状の
衝撃力 $F_0 H(t)$ が作用する問題を考え，前項と同じように図式解法によって棒
中の応力波を解析する。

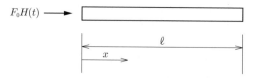

$F_0 H(t) \longrightarrow$

ℓ

x

図 3.7　ステップ関数状の衝撃力を受ける両端自由棒

衝撃力によって，棒の衝撃端には $\sigma = -F_0/A(= -\sigma_0)$ の圧縮応力が発生し，
棒中を伝播することになるが，棒の端は両方とも自由であるため，応力波は反
射するたびに，圧縮から引張りへあるいは引張りから圧縮へと変化する。

また，衝撃力によって棒の端の移動速度（粒子速度）は $v = F_0/A\rho c\,(= V_0)$
となり，応力波が通過するたびに V_0 から $2V_0$，$2V_0$ から $3V_0$ のように増速し，

棒は x 軸方向に速度を増しながら移動していくことになる。

この応力波伝播の様子を図で示したのが**図 3.8** であり，棒の中央（$x = \ell/2$）における粒子速度 v および応力 σ の時間変化は，図に示すとおり，応力波が通過するたびに不連続に変化することになる。

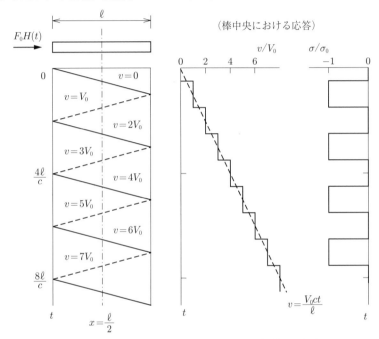

図 3.8 衝撃力を受ける両端自由棒の波動伝播図式解法
（$\sigma_0 = F_0/A$, $v = \partial u/\partial t$, $V_0 = F_0/A\rho c$）

仮に棒が質量 $\rho A\ell$ の質点であるとすると，その移動速度 v は，$F_0 = \rho A\ell(dv/dt)$ を積分することにより $v = (F_0/\rho A\ell)t = V_0 ct/\ell$ となり，図 3.8 中の破線のようになり，棒として解析した結果の中央を通る直線となる。

3.2.3 剛壁に衝突する棒の問題

つぎに，**図 3.9** のように，長さ ℓ の棒が剛な壁に衝突する問題の応力波を，図式解法により解析してみる。ただし，衝突後の棒は壁から離れないものとする。

棒が剛壁に衝突した瞬間を時刻 $t = 0$ とし，衝突端からの応力波の伝播の様

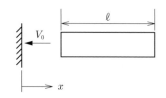

図 **3.9**　剛壁に衝突する棒

子を，縦軸に棒の位置，横軸に時間をそれぞれとって表すと，**図 3.10** のように
なる。この例では棒の中央 $x = \ell/2$ における応力の時刻変化が示されており，
圧縮応力と引張応力が交互に現われることになる。

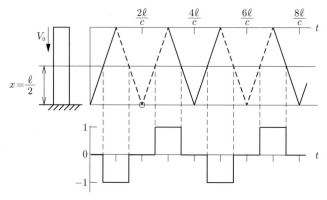

図 **3.10**　壁に衝突する棒の応力伝播図式解法

一方，衝突後の棒と壁は離れないという仮定を設けないと，**図 3.11** のイメー
ジ図のように，時刻 $t = 2\ell/c$（図 3.10 の○印の時間に相当）において棒は衝突
前の速度と同じ速度 V_0 で壁から跳ね返ることになる。

エネルギー的な観点から解説をすれば，以下のようになる。まず，衝突前に
棒がもっていた運動エネルギーは衝突によって発生した応力波の伝播とともに
徐々に棒中のひずみエネルギーに変換され，時刻 $t = \ell/c$ においてその変換が
完了し，棒は完全に静止する。つぎに時間 $t = \ell/c$ からは自由端からの反射応
力波の伝播とともに，逆にひずみエネルギーが運動エネルギーに変換され，時
刻 $t = 2\ell/c$ においてその変換が完了し，棒と壁の離反を許容すれば，棒は衝突
前と同じ速度で跳ね返ることになる。したがって，衝突前のエネルギーは保存

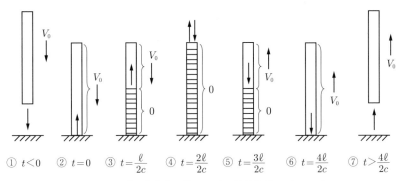

① $t<0$ ② $t=0$ ③ $t=\dfrac{\ell}{2c}$ ④ $t=\dfrac{2\ell}{2c}$ ⑤ $t=\dfrac{3\ell}{2c}$ ⑥ $t=\dfrac{4\ell}{2c}$ ⑦ $t>\dfrac{4\ell}{2c}$

図 3.11 壁に衝突する棒における波動伝播のイメージ

されており，これを**完全弾性衝突**という。

　すなわち，応力波が棒中を一往復する時間 $t=2\ell/c$ が衝突に要する時間であり，棒と壁とが接触している時間となる。

3.2.4　棒と棒の二体衝突問題

　ここでは，棒と棒が衝突する二体の衝突問題について解析する。

〔**1**〕　**自由棒と自由棒の衝突**　　図 **3.12** のように，速度 V_0 をもつ棒Ⅰ（長さ ℓ_1）が静止している棒Ⅱ（長さ ℓ_2）に衝突する問題を考える。ここで簡単のため，棒の断面積，材質は同じ，すなわちインピーダンスは同じであるものとし，長さ比は $2\ell_1=\ell_2=2\ell$ とする。

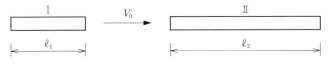

図 3.12　自由棒と自由棒の衝突問題

　インピーダンスが同じ棒と棒の衝突であるから，衝突端では双方の棒が共に $V_0/2$ の粒子速度を受けることになり，最初に大きさ $-\rho c V_0/2$ の圧縮応力波が両方の棒中を伝播する。

　棒Ⅰは，時間 $t=2\ell_1/c$ において，もっていた運動エネルギーをすべて棒Ⅱへ渡し終えることにより無応力状態となり，静止する。同時に棒Ⅱは，時間

$t = 2\ell_2/c \; (= 4\ell/c)$ において，棒 I とは異なる速度を獲得して離れていく。

　棒 I および棒 II 中の応力波伝播の様子を図式解法により示すと，**図 3.13** のようになる。衝突前に棒 I がもっていた運動エネルギーはすべて棒 II に移り，棒 II 中では運動エネルギーとひずみエネルギー（応力波のエネルギー）に分配され，分配比率は時間によって変化しながら移動していく。

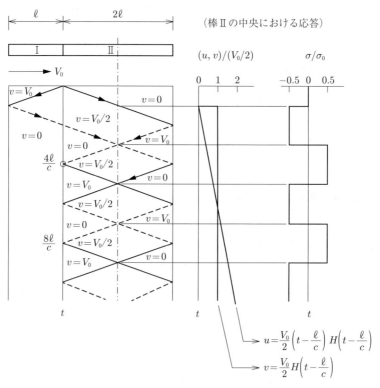

図 3.13　自由棒と自由棒の衝突問題の図式解法（$\sigma_0 = \rho c V_0$, $v = \partial u / \partial t$, 注：○印は棒の離れる時間）

　棒 II の移動速度は，棒の位置と時間によって異なるが平均して $V_0/2$ となり，その運動エネルギーは棒 I が最初にもっていた運動エネルギーの半分である。

　この二体衝突問題をマクロ的な視点で見ると，以下のように説明できる。

　棒 I と棒 II は相対速度 V_0 で衝突し，その後両者が離反した状態では相対速度が $V_0/2$ となる。もし棒の長さ比が $\ell_2 = 3\ell_1$ とすると，図 3.13 に対する考察

から，棒が離反した後の棒 II の平均移動速度は $V_0/3$ となる。したがって，棒の長さ比が $\ell_2 = n\ell_1\ (n \geqq 1)$ とすると，棒 II の平均移動速度は V_0/n となることがわかる。すなわち，$n = 1$ の場合のみ衝突前の棒 I の運動エネルギーは棒 II の運動エネルギーとして保存され，いわゆる質点の力学でいう完全弾性衝突（**反発係数** $e = 1$ に相当）になる。

このことを発展的に考察すると，二体の衝突問題では，衝突点を基点とした応力波が同時に基点に帰ってくる場合に，運動エネルギーの損失が少ない，という定性的な解釈が成り立つと考えられる。この解釈は，二体衝突問題における最も反発のよい条件を示唆している。

【考　察】
図 3.12 の自由棒と自由棒の衝突問題において，逆に棒 I のほうが長い場合は，棒 I と棒 II の衝突後の相対速度はどのようになるか考えてみよう。
〈ヒント〉
$\ell_2 = n\ell_1\ (n \leqq 1)$ とすると，衝突後の棒 I と棒 II の相対速度は nV_0，初期衝突速度との相対速度比 e は n になる。$n > 1$ の場合も含めて棒の長さ比 n を横軸，相対速度比 e を縦軸にとった図はつぎのようになる。

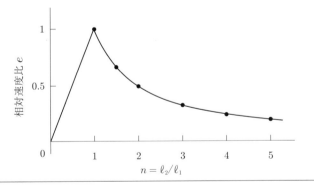

〔2〕　**自由棒と固定棒の衝突**　　図 **3.14** のように，速度 V_0 をもつ棒 I（長さ ℓ）が同じ長さの一端固定棒 II に衝突する問題を考える。両棒の断面積や材料は同じであるものとする。

図 **3.15** の図式解法のとおり，棒 I は，時間 $t = 2\ell/c$ において一瞬だけ静止し，その後逆向きの速度 $V_0/2$，さらに V_0 を得て，時間 $t = 4\ell/c$ において棒 II

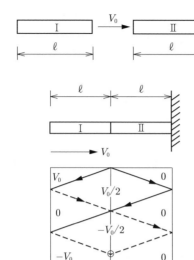

図 3.14 自由棒と固定棒
の衝突問題

図 3.15 自由棒と固定棒の
衝突問題の図式解法 (注:
◯印は棒の離れる時間)

から跳ね返り離れていくことになる。すなわち棒 I は，単体で壁に衝突した場合に比べて，長さとインピーダンスが同じ棒 II を介して衝突すると，粒子速度が半分，すなわち発生応力（反力）が半分の $\sigma = \rho c V_0 / 2$ となり，跳ね返るまでの時間は 2 倍となる。すなわち，棒 II があることにより衝突時の衝撃が緩和される。

棒 I と棒 II の長さが同じ場合は，前述の自由棒どおしの衝突問題と同様に衝突前後で棒 I の運動エネルギーは保存されるが，棒の長さが異なると，図 3.13 の解析例と類似して棒 I の跳ね返り挙動は複雑になる。

〔3〕 三本の棒の衝突　　つぎに図 3.16 のように，静止している棒 II と棒 III に棒 I が速度 V_0 で衝突する問題を考える。ここで，すべての棒は材質と直径が同じで，長さについては棒 I と棒 III が同じで ℓ_0 とし，棒 II は他と異なる長さで ℓ とする。静止している棒 II と棒 III はたがいに端面は接しているものとする。

棒 I が衝突した後の棒の挙動を図式解法により解析してみる。衝突端面から大きさ $\rho c V_0 / 2$ の圧縮応力波が棒 I と棒 II の端面から伝播を開始し，図 3.17 のように伝播と反射をする。そして，$(\ell + 2\ell_0)/c$ の時間において，両端面から反

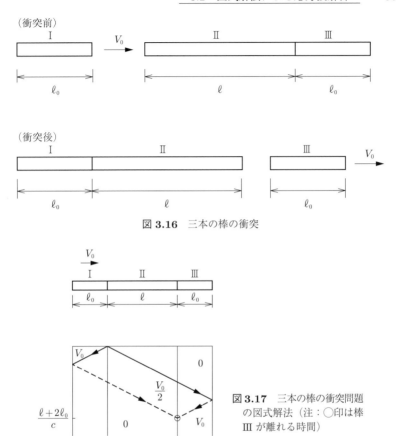

図 **3.16** 三本の棒の衝突

図 **3.17** 三本の棒の衝突問題の図式解法（注：○印は棒 III が離れる時間）

射した引張応力波は，ちょうど棒 II と棒 III が接している端面に到達する。その結果，棒 III は速度 V_0 を得て他の棒から離れていき，一方棒 I と棒 II はたがいに接したまま静止する。最初に棒 I がもっていた運動エネルギーは最終的には棒 III がすべて受け取り，棒中の応力波はすべて消失する。

　図 3.17 を観察すると，棒の両端から伝播する引張応力は，棒 I と棒 III の長さが同じであれば，棒 II の長さとは無関係につねに棒 II と棒 III の境界で出会い，棒 III が棒 I の衝突速度と同じ速度で飛び出すという同じ現象が起こることがわかり，興味深い。

【考　察】

　大きさと材質が同じ球を一直線上に置いて例のように衝突させると，必ず同じ個数の球が反対側から飛び出していく。これを再現するため，球をコインで代用し，机の上に置いて例のように衝突させてみよう。そして，その理由を考えてみよう。

〈例 1〉

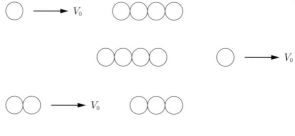

〈例 2〉

〈ヒント〉

　球を棒に置き換えて考えると，この問題は図 3.16 の問題とまったく同じであることがわかる。

〔**4**〕　**断面積の異なる棒の衝突（インピーダンスが異なる棒の衝突）**　　これまで断面積が同じ棒どうしの衝突を対象としてきたが，ここでは断面積が異なる棒，すなわちインピーダンスが異なる棒どうしの衝突の解析例を示すことにする。

　例として，図 **3.18** のように一端が固定されている棒 II に対し，断面積は大きく長さは短い棒 I が衝突する問題を考える。ただし，衝突後の棒 I と棒 II は離反しないものとする。インピーダンスが同じ棒の場合と異なり，応力波が衝突面に到達するたびに反射波と透過波が発生するが，その割合は式 (3.6) によ

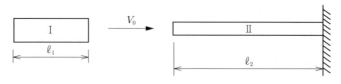

図 **3.18**　断面積の異なる二本の棒の衝突問題

り決定される。透過波はつねに到達波（入射波）と同じ波であるが，反射波については，入射波がインピーダンスの大きい棒に向かって伝播した場合とインピーダンスの小さい棒に向かって伝播した場合とで異なり，それぞれにおいて引張応力波となるか圧縮応力波となるかが決まる。**図 3.19**（a），（b）は，衝突後の二本の棒は衝突したらその後は離れないものとして応力波の伝播を図式的に解析した結果と，衝突面の応力の時間変動を示したものである。

ここで，棒の長さ比は $\ell_1 = \ell_2/5$，断面積比は $A_1 = 2A_2$ とし，材料は同じものとする。すると，インピーダンス比は $I_1 = 2I_2$ となる。したがって，式 (3.6) によれば，応力波が棒 I から棒 II へ入射する場合の反射率 α_{12} は $-1/3$，透過率 β_{12} は $4/3$ となり，棒 II から棒 I へ入射する場合の反射率 α_{21} は $1/3$，透過率 β_{21} は $2/3$ となる。棒 I が棒 II に衝突した直後の衝突面応力は，反力と粒子速度の連続条件から，棒 I 側の応力 (σ_1) では $-\rho c V_0/3 \, (= -\sigma_0)$ となり，棒 II 側の応力 (σ_2) では $-2\sigma_0$ となる。以後の応力波の大きさは，反射率と透過率を用いて計算すれば図 3.19（a）中の数値のようになる。ただし，図中には σ_0 に乗ずる数値だけを表示している。

図 3.19（a）を基にして衝突面における応力，すなわち衝突反力を求めると，図（b）のようになる。棒 I の断面積は棒 II の 2 倍なので，棒 I 側の応力は棒 II 側の応力の半分となる。すなわち，棒 II 側の応力 σ/σ_0 は衝突後に -2 となり，以後は応力波が到達するたびにその応力の大きさの数値を重ね合わせていけばよい。

したがって，棒 I に伝播した応力波が衝突端に戻っていく各時刻における棒 II の応力は，透過波を重ね合わせてつぎのようになる。

$$t = \frac{2\ell_1}{c} \text{ において } \quad \left(-2 + \frac{4}{3}\right)\sigma_0 = -\frac{2}{3}\sigma_0$$

$$t = \frac{4\ell_1}{c} \text{ において } \quad \left(-\frac{2}{3} + \frac{4}{9}\right)\sigma_0 = -\frac{2}{9}\sigma_0$$

$$t = \frac{6\ell_1}{c} \text{ において } \quad \left(-\frac{2}{9} + \frac{4}{27}\right)\sigma_0 = -\frac{2}{27}\sigma_0$$

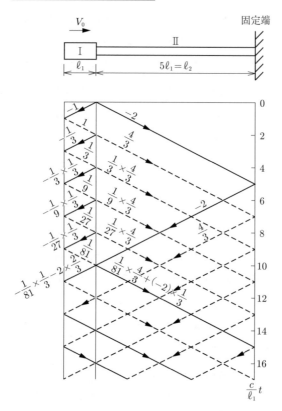

（ａ）　応力波の伝播状況の図式解法

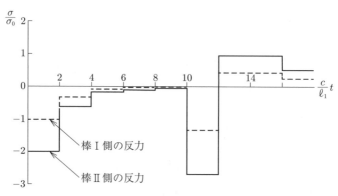

（ｂ）　棒Ⅰと棒Ⅱの衝突面における反力の時間応答

図 **3.19**　断面積の異なる二本の棒の衝突問題（$\sigma_0 = EV_0/3c$，$\ell_1 = \ell_2/5$，$A_1 = 2A_2$）

$$t = \frac{8\ell_1}{c} \text{ において } \left(-\frac{2}{27} + \frac{4}{81}\right)\sigma_0 = -\frac{2}{81}\sigma_0$$

時刻 $t = 10\ell_1/c$ では，棒 II の固定端で反射された応力波が初めて衝突端に戻ってくるので，この応力波の数値とその反射応力波の数値も重ね合わせる必要がある。その結果，応力は再び大きな圧縮の値となる。

さらに，断面積の差が大きくなった場合に，棒 I と棒 II の衝突面反力がどのように変化するかについて考えてみる。棒 I と棒 II は断面積だけが異なるものと仮定し，棒 I 側衝突面の反力（応力）と変位速度（粒子速度）をそれぞれ σ_1, v_1，棒 II 側衝突面の反力（応力）と変位速度（粒子速度）をそれぞれ σ_2, v_2 とすると，衝突面でつぎのような関係式が成り立つ。ただし，$v_1 > 0$, $v_2 > 0$ と定義する。

$$V_0 - v_1 = v_2, \qquad A_1\sigma_1 = A_2\sigma_2,$$

$$\sigma_1 = -\rho c v_1, \qquad \sigma_2 = -\rho c v_2$$

これらの式から棒 II 側衝突面反力（応力）はつぎのようになる。

$$\sigma_2 = -\frac{A_1}{A_1 + A_2}\rho c V_0$$

すなわち，$A_2 \to 0$（すなわち，$I_2 \to 0$ あるいは $I_1 \to \infty$）とすると $\sigma_2 = -\rho c V_0$

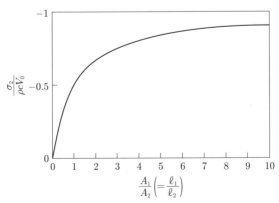

図 3.20 断面積（インピーダンス）が異なる棒の衝突
（衝突面の初期応力と断面積比の関係）

となり，$A_2 \to \infty$（すなわち，$I_2 \to \infty$）とすると $\sigma_2 = 0$ となる。そこで，応力 σ_2 と断面積比 A_1/A_2（すなわち，インピーダンス比 I_1/I_2）の関係を図示すると，**図3.20** のようになる。つまり $A_1/A_2 \to \infty$，すなわち $I_1/I_2 \to \infty$ とすると，棒 I を剛体とした場合の結果となり，後述する Saint Venant の問題と同じになる。

〔5〕　**衝突面における局部変形を考慮した衝突（ヘルツ（Hertz）の接触理論）**
棒と棒の二体衝突問題をいくつか取り上げてきたが，理論では断面積を与えてはいるものの，実際には大きさのない一次元の棒として扱ってきた。したがって，実際の衝突では棒と棒の端面の接触は均一な面接触が前提となる。しかし，実際の衝突では均一な面接触は断面積が大きくなるほど起こりにくく，断面の一部が最初に接触し，その接触面が次第に広がっていくものと考えられる。したがって，衝突反力は，接触の瞬間に不連続に立ち上がるのではなく，連続的に立ち上がると考えるほうが実際に則している。

そこでここでは，このような接触初期の現象を近似的に再現することを考えることにする。簡単のため，**図3.21** のように半径 R で質量 M_0 の球体が棒の平面状端面に衝突する場合を考え，最初は球体の一点が棒の平面状端面に接触し，時間の経過とともに球体の接触点と棒の端面は共に局部的な変形を起こし，接触面積が広がるものと考える。このときの球体の接触点と棒端面の変形による両者の接近距離（球と棒の圧縮による変形量）δ と反力 F との関係は，三次元弾性体の変形解析により次式で与えられるものとする[†]。

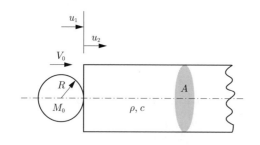

図3.21　球体と棒の衝突

[†]　詳細は，巻末付録 A の "ヘルツの接触理論" を参照。

$$F = \frac{2E\sqrt{R}}{3(1-\nu^2)}\delta^{3/2} \tag{3.7}$$

この式は静力学的解析により求められているが，ここでは衝撃問題においても成立するものとして流用するものとすれば，δ と F は時間の関数となる。また，球体と棒のヤング率 E，ポアソン比 ν などの弾性力学的性質は同じであるものとしている。図 3.21 に示すように，球と棒の接触点の変位をそれぞれ u_1，u_2 とおき，まず球の変位 u_1 は，球を質点と見なせば，初速度 V_0 と衝突反力 F からつぎのようにして与えられる。

$$u_1(t) = V_0 t - \frac{1}{M_0} \int_0^t dt \int_0^t F(t)dt \tag{3.8}$$

つぎに棒の変位 u_2 は，棒のインピーダンス $A\rho c$ と衝突反力 F からつぎのようにして求められる。

$$u_2(t) = \frac{1}{A\rho c} \int_0^t F(t)dt \tag{3.9}$$

したがって，球と棒の接近距離 δ（$= u_1 - u_2$）は以下の式で表される。

$$\delta(t) = u_1(t) - u_2(t) = V_0 t - \frac{1}{M_0} \int_0^t dt \int_0^t F(t)dt - \frac{1}{A\rho c} \int_0^t F(t)dt \tag{3.10}$$

そして，式 (3.7) を代入すれば次式が得られる。

$$\left\{\frac{F(t)}{k}\right\}^{2/3} = V_0 t - \frac{1}{M_0} \int_0^t dt \int_0^t F(t)dt - \frac{1}{A\rho c} \int_0^t F(t)dt \tag{3.11}$$

ここで

$$k = \frac{2E\sqrt{R}}{3(1-\nu^2)}$$

である。

この式は未知関数 $F(t)$ に関する積分方程式であり，数値的に解くことによって $F(t)$，すなわち衝突点における衝突反力の時間変動が求められる。

数値計算例として，球と棒が共に鉄鋼材料（$\rho = 7\,860\,\mathrm{kg/m^3}$，$E = 206\,\mathrm{GPa}$，$\nu = 0.3$）であるとし，質量 M_0 が 1 kg で半径 R が 5 mm と 25 mm の球が，無

限に長い直径 10 mm の丸棒の端面に初速度 10 m/s で衝突した場合の衝突反力の応答を，式 (3.11) から数値的に求めたものが**図 3.22** である。図中の一点鎖線は球と棒の局所変形を考慮しない場合（後述の **Saint Venant の問題**）の結果であり，式 (3.68) の第 1 項を計算した結果である。衝突点の局所変形を考慮しない場合の衝突反力は不連続に立ち上がるが，衝突点における局所変形を考慮すると零から立ち上がる。また，球の半径が大きいと，Saint Venant の解に近づくことがわかる。なお，衝突反力の時間零における漸近値は，衝突速度に比例するが衝突物体の質量（球の大きさ）によらず一定である。

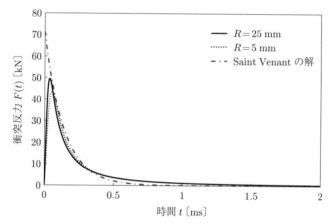

図 3.22 球と棒の衝突における衝突反力の応答

なお，ヘルツの接触理論は弾性解析に基づいているので，衝突点が大きく塑性変形するような場合は，適用範囲を超える可能性がある。

【考 察】
式 (3.11) の数値計算の仕方について考えてみよう。
〈ヒント〉
1. 時間を等間隔に離散化（タイムステップ Δt）し，逐次的に F を求める。
2. ニュートン・コーツ（Newton–Cotes）の公式を用いて時間積分項を数値積分する。

3.3 波動方程式とラプラス変換による応力波解析

前節では，棒の縦衝撃問題を図式的に解析する方法を示したが，本節では基礎方程式を数学的に解いて棒の縦衝撃問題を解析する方法を示す。

3.3.1 波動方程式の一般解

1章で導かれた棒の縦衝撃に関する基礎方程式は，つぎのような波動方程式である。

$$\frac{\partial^2 u}{\partial x^2} = \frac{1}{c^2}\frac{\partial^2 u}{\partial t^2} \qquad \left(c = \sqrt{\frac{E}{\rho}}\right) \tag{3.12}$$

ここで，つぎの初期条件が成立しているものとする。

$$(u)_{t=0} = 0, \qquad \left(\frac{\partial u}{\partial t}\right)_{t=0} = V \tag{3.13}$$

時間の関数 $f(t)$ のラプラス変換および逆変換は，次式で定義される。

$$\begin{aligned}
\overline{f}(p) &= \int_0^\infty f(t)e^{-pt}dt \\
f(t) &= \frac{1}{2\pi i}\int_{r-i\infty}^{r+i\infty} \overline{f}(p)e^{pt}dp \qquad (\gamma > 0)
\end{aligned} \tag{3.14}$$

ここで，p はラプラス変換パラメータである。式 (3.12) の両辺にラプラス変換オペレータ $\int_0^\infty e^{-pt}\,dt$ を乗ずれば，つぎのようになる。

$$\int_0^\infty \frac{\partial^2 u}{\partial x^2}e^{-pt}\,dt = \frac{1}{c^2}\int_0^\infty \frac{\partial^2 u}{\partial t^2}e^{-pt}\,dt \tag{3.15}$$

右辺を部分積分すれば，つぎのようになる。

$$\int_0^\infty \frac{\partial^2 u}{\partial t^2}e^{-pt}dt = \left[pu\,e^{-pt} + \frac{\partial u}{\partial t}e^{-pt}\right]_0^\infty + p^2\int_0^\infty ue^{-pt}\,dt \tag{3.16}$$

ここで，初期条件式 (3.13) を代入すれば

$$\int_0^\infty \frac{\partial^2 u}{\partial t^2}e^{-pt}dt = -V_0 + p^2\overline{u}$$

となるので，結局式 (3.12) はつぎのような常微分方程式となる。

$$\frac{d^2\bar{u}}{dx^2} - \frac{p^2}{c^2}\bar{u} = -\frac{V_0}{c^2} \tag{3.17}$$

ここで

$$\bar{u} = \int_0^\infty u e^{-pt}\,dt$$

である。

式 (3.17) は定係数常微分方程式であるから，一般解はつぎのようになる。

$$\bar{u} = A_1 e^{\frac{p}{c}x} + A_2 e^{-\frac{p}{c}x} + \frac{V_0}{p^2} \tag{3.18}$$

ここで，式 (3.18) はオイラーの公式によればつぎの形で書くこともできる。

$$\bar{u} = A_1 \sinh\frac{p}{c}x + A_2 \cosh\frac{p}{c}x + \frac{V_0}{p^2} \tag{3.19}$$

3.3.2　一端が固定された棒の衝撃問題

〔**1**〕　**ラプラス変換法を用いた解析**　　図 **3.23** のように一端が固定された棒の自由端に，ステップ関数状の衝撃力 $F_0 H(t)$ が作用する問題を考える。この問題では，初期条件式 (3.13) における速度は $V_0 = 0$ となる。

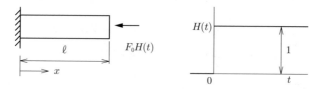

図 3.23　自由端に衝撃力を受ける固定棒

この場合の境界条件はつぎのようになる。

$$\left.\begin{array}{l}
(\text{i})\quad x = 0 \text{ において}\quad u = 0 \\[2mm]
(\text{ii})\quad x = \ell \text{ において}\quad \sigma = -\dfrac{F_0}{A}H(t)
\end{array}\right\} \tag{3.20}$$

これをラプラス変換すれば，つぎのようになる。

$$(\text{I}) \quad x = 0 \text{ において } \quad \overline{u} = 0$$
$$(\text{II}) \quad x = \ell \text{ において } \quad \overline{\sigma} = E\frac{d\overline{u}}{dx} = -\frac{F_0}{pA} \Biggr\}$$

$$(3.21)$$

一般解には式 (3.19) を用いることにし，式 (3.21) に代入して係数 A_1 および A_2 を求めればつぎのようになる。

$$A_1 = -\frac{F_0 c}{AE} \frac{1}{p^2 \cosh \dfrac{p\ell}{c}}, \qquad A_2 = 0 \tag{3.22}$$

これを式 (3.19) に代入すれば，ラプラス変換された変位 $\overline{u}$ の解が求められ，つぎのようになる。

$$\overline{u} = -\frac{F_0 c}{AE} \frac{\sinh \dfrac{px}{c}}{p^2 \cosh \dfrac{p\ell}{c}} \tag{3.23}$$

これを座標 x で微分すれば，応力 $\overline{\sigma}$ の解がつぎのように求められる。

$$\overline{\sigma} = -\frac{F_0}{A} \frac{\cosh \dfrac{px}{c}}{p \cosh \dfrac{p\ell}{c}} \tag{3.24}$$

【考 察】
　一般解として式 (3.18) よりも式 (3.19) を用いることの利点について考えてみよう。

〔**2**〕　**ラプラス逆変換〔その 1：振動モードの重ね合せ〕**　　まず式 (3.23) の ラプラス逆変換をコーシー（Cauchy）の留数定理によって行うことを考える。 そのために式 (3.23) の特異点を調べなければならないが，$p = 0$ および分母に あるつぎの方程式の根が特異点になっていることは明らかである。

$$\cosh \frac{p\ell}{c} = 0 \tag{3.25}$$

　式 (3.25) を満足する p の値は，図 **3.24** のように p の複素平面上の原点を除 いた虚軸上に無限個あり，共役である。そこで，これらの根を $\pm i\,p_n$ とすれば $\cos p_n \ell / c = 0$ であり，つぎのように表される。

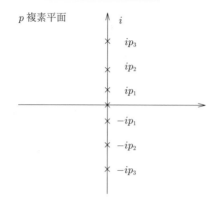

p 複素平面

図 **3.24**　特異点の位置

$$\frac{p_n\ell}{c} = \frac{\pi}{2}(2n-1) = \alpha_n \qquad (n = 1, 2, 3, \dots) \tag{3.26}$$

つぎに特異点における留数を求めることになる。

まず，特異点 $p = 0$ における留数はコーシーの留数定理によれば，つぎのような計算を行うことにより求められる。

$$\operatorname*{Res}_{p=0}\{\bar{u}e^{pt}\} = \lim_{p\to 0} p\bar{u}e^{pt}$$

この式に式 (3.23) を代入して $p \to 0$ の極限値を求めればよいが，そのままでは不定形となるので，ロピタル（L'Hospital）の定理に従って分母と分子をそれぞれ p で微分した上で，極限値を求める必要がある。その結果，つぎのようになる。

$$\operatorname*{Res}_{p=0}\{\bar{u}e^{pt}\} = -\frac{F_0}{AE}x \tag{3.27}$$

つぎに，特異点 $p = \pm ip_n$ における留数とその和はつぎのように計算できる。

$$\sum \operatorname*{Res}_{p=\pm ip_n}\{\bar{u}e^{pt}\} = \sum \lim_{p\to\pm ip_n}\{p - (\pm ip_n)\}\bar{u}e^{pt}$$

この極限値も式 (3.23) を代入した後，同様にロピタルの定理によってつぎのようにして計算する必要がある。

$$\sum \lim_{p\to\pm ip_n}\{p - (\pm ip_n)\}\bar{u}e^{pt} = \frac{F_0 c}{AE}\sum \frac{\sinh \pm i\dfrac{p_n x}{c} \cdot e^{\pm ip_n t}}{p_n^2 \dfrac{\ell}{c}\sinh \pm i\dfrac{p_n x}{\ell}}$$

この和を計算すれば，つぎの式が得られる。

$$\sum_{p=\pm ip_n} \underset{}{\text{Res}} \left\{ \bar{u} e^{pt} \right\} = \frac{2F_0\ell}{AE} \frac{(-1)^{n-1} \sin \dfrac{\alpha_n x}{\ell}}{\alpha_n^2} \cos \frac{\alpha_n ct}{\ell} \tag{3.28}$$

式 (3.27) および式 (3.28) の留数をすべての n について合計することにより，式 (3.23) のラプラス逆変換は求められ，つぎのようになる。

$$u = -\frac{F_0\ell}{AE} \left\{ \frac{x}{\ell} - 2\sum_{n=1}^{\infty} (-1)^{n-1} \frac{\sin \dfrac{\alpha_n x}{\ell}}{\alpha_n^2} \cos \frac{\alpha_n ct}{\ell} \right\} \tag{3.29}$$

応力 σ の解は，これを x で微分することにより求められ，つぎのようになる。

$$\sigma = -\frac{F_0}{A} \left\{ 1 - 2\sum_{n=1}^{\infty} (-1)^{n-1} \frac{\cos \dfrac{\alpha_n x}{\ell}}{\alpha_n} \cos \frac{\alpha_n ct}{\ell} \right\} \tag{3.30}$$

ここで，α_n は以下の式で表せる。

$$\alpha_n = \frac{\pi}{2}(2n-1) = \frac{p_n \ell}{c}$$

式 (3.29) および式 (3.30) 中の $\sin(\alpha_n x/\ell)$ および $\cos(\alpha_n x/\ell)$ は，一端固定・他端自由棒の n 次の固有振動モードを表す関数であり，両式は無限個の固有振動モードの重ね合せ形式の解となっていることがわかる。

〔3〕 ラプラス逆変換〔その2：波動の重ね合せ〕　ここでは，式 (3.23) および式 (3.24) のラプラス逆変換を，〔2〕とは異なる波動の重ね合せで表す方法を考える。

そのために，式 (3.23) および式 (3.24) をオイラーの公式により以下のように表すことにする。

$$\bar{u} = -\frac{F_0 c}{AE} \frac{e^{\frac{px}{c}} - e^{-\frac{px}{c}}}{p^2 \left\{ e^{\frac{p\ell}{c}} + e^{-\frac{p\ell}{c}} \right\}}, \qquad \bar{\sigma} = -\frac{F_0}{A} \frac{e^{\frac{px}{c}} + e^{-\frac{px}{c}}}{p \left\{ e^{\frac{p\ell}{c}} + e^{-\frac{p\ell}{c}} \right\}} \tag{3.31}$$

これらは除算することにより，下記のように書き表すことができる。

$$\bar{u} = -\frac{F_0 c}{AEp^2} \left\{ e^{-\frac{p(\ell-x)}{c}} - e^{-\frac{p(\ell+x)}{c}} - e^{-\frac{p(3\ell-x)}{c}} + e^{-\frac{p(3\ell+x)}{c}} + e^{-\frac{p(5\ell-x)}{c}} \right.$$

$$-e^{-\frac{p(5\ell+x)}{c}} - e^{-\frac{p(7\ell-x)}{c}} + e^{-\frac{p(7\ell+x)}{c}} + e^{-\frac{p(9\ell-x)}{c}} - e^{-\frac{p(9\ell+x)}{c}}$$

$$-e^{-\frac{p(11\ell-x)}{c}} + e^{-\frac{p(11\ell+x)}{c}} + \cdots \}$$

$$\overline{\sigma} = -\frac{F_0}{Ap}\left\{e^{-\frac{p(\ell-x)}{c}} + e^{-\frac{p(\ell+x)}{c}} - e^{-\frac{p(3\ell-x)}{c}} - e^{-\frac{p(3\ell+x)}{c}} + e^{-\frac{p(5\ell-x)}{c}}\right.$$

$$+ e^{-\frac{p(5\ell+x)}{c}} - e^{-\frac{p(7\ell-x)}{c}} - e^{-\frac{p(7\ell+x)}{c}} + e^{-\frac{p(9\ell-x)}{c}} + e^{-\frac{p(9\ell+x)}{c}}$$

$$\left. -e^{-\frac{p(11\ell-x)}{c}} - e^{-\frac{p(11\ell+x)}{c}} + \cdots \right\} \tag{3.32}$$

【考　察】
式 (3.31) から式 (3.32) の導出を計算してみよう。

ここで，$1/p$ および $1/p^2$ のラプラス逆変換をそれぞれ $L^{-1}\{1/p\}$ および $L^{-1}\{1/p^2\}$ とすると

$$L^{-1}\left\{\frac{1}{p}\right\} = H(t), \qquad L^{-1}\left\{\frac{1}{p^2}\right\} = tH(t)$$

となるので，ラプラス変換の変位則を用いると，式 (3.32) のラプラス逆変換がつぎのように求められる。

$$u = -\frac{F_0\ell}{AE}\left\{\left(t - \frac{\ell-x}{c}\right)H\left(t - \frac{\ell-x}{c}\right) - \left(t - \frac{\ell+x}{c}\right)H\left(t - \frac{\ell+x}{c}\right)\right.$$

$$-\left(t - \frac{3\ell-x}{c}\right)H\left(t - \frac{3\ell-x}{c}\right) + \left(t - \frac{3\ell+x}{c}\right)H\left(t - \frac{3\ell+x}{c}\right)$$

$$\left. + \left(t - \frac{5\ell-x}{c}\right)H\left(t - \frac{5\ell-x}{c}\right) - \cdots \right\}$$

$$\sigma = -\frac{F_0}{A}\left\{H\left(t - \frac{\ell-x}{c}\right) + H\left(t - \frac{\ell+x}{c}\right) - H\left(t - \frac{3\ell-x}{c}\right)\right.$$

$$-H\left(t - \frac{3\ell+x}{c}\right) + H\left(t - \frac{5\ell-x}{c}\right) + H\left(t - \frac{5\ell+x}{c}\right)$$

$$\left. -H\left(t - \frac{7\ell-x}{c}\right) - H\left(t - \frac{7\ell+x}{c}\right) + \cdots \right\} \tag{3.33}$$

ここで，第 1 項は荷重端から伝播してきた最初の応力波を表し，第 2 項は固定端から最初に反射してきた応力波を表し，以下の項は順に荷重端と固定端からの反射波をそれぞれ表している。式 (3.33) の応力 σ の解について $x = \ell/2$ と

して図示すると，図式解法によって求めた図 3.6 と完全に一致する。

〔4〕 **数値計算結果** 振動モードの重ね合せによる解である式 (3.30)，および波動の重ね合せによる解である式 (3.33) を，数値的に比較してみると興味深い。

数値計算するため，式 (3.30) および式 (3.33) を下記のように変形し，共に無次元化しておくことにする。

$$\frac{A}{F_0}\sigma = -2\sum_{n=1}^{\infty}(-1)^{n-1}\frac{\cos\dfrac{\alpha_n x}{\ell}}{\alpha_n}(1-\cos\alpha_n\tau)$$

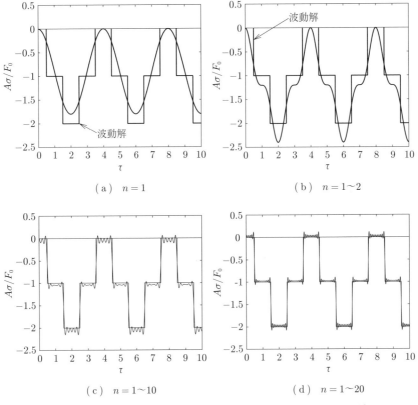

(a) $n=1$ (b) $n=1\sim2$

(c) $n=1\sim10$ (d) $n=1\sim20$

図 3.25 固定棒の中央における応力変動（波動解：図中の凸形の応答）

$$\frac{A}{F_0}\sigma = -\Bigg\{ H\left(\tau-\left(1-\frac{x}{\ell}\right)\right) + H\left(\tau-\left(1+\frac{x}{\ell}\right)\right) - H\left(\tau-\left(3-\frac{x}{\ell}\right)\right)$$

$$-H\left(\tau-\left(3+\frac{x}{\ell}\right)\right) + H\left(\tau-\left(5-\frac{x}{\ell}\right)\right) + H\left(\tau-\left(5+\frac{x}{\ell}\right)\right)$$

$$-H\left(\tau-\left(7-\frac{x}{\ell}\right)\right) - H\left(\tau-\left(7+\frac{x}{\ell}\right)\right) + \cdots \Bigg\} \tag{3.34}$$

ここで

$$\tau = \frac{c}{\ell}t, \qquad \alpha_n = \frac{\pi}{2}(2n-1)$$

である。

　棒の中央における応答を求めるために $x = \ell/2$ とおいて計算した結果を示すと，**図 3.25** のようになる。振動モードの重ね合せによる解は，級数の項数 n を 1, 2, 10, 20（図 3.25 (a), (b), (c), (d)）と増やすにつれ，波動の重ね合せによる正解に近づいていくのがよくわかる。

3.3.3　両端自由棒の衝撃問題

〔1〕　**ラプラス変換法を用いた解析**　　図 3.7 のように両端自由棒の一端に，衝撃力 $F_0 H(t)$ が作用する問題を考える。この問題では，初期条件式 (3.13) において $V_0 = 0$ であり，境界条件はつぎのようになる。

$$\left.\begin{array}{ll} (\text{i}) & x = 0 \text{ において }\quad \sigma = E\dfrac{\partial u}{\partial x} = -\dfrac{F_0}{A}H(t) \\[2ex] (\text{ii}) & x = \ell \text{ において }\quad \sigma = E\dfrac{\partial u}{\partial x} = 0 \end{array}\right\} \tag{3.35}$$

これをラプラス変換すれば，つぎのようになる。

$$\left.\begin{array}{ll} (\text{I}) & x = 0 \text{ において }\quad \dfrac{d\overline{u}}{dx} = -\dfrac{F_0}{AEp} \\[2ex] (\text{II}) & x = \ell \text{ において }\quad \dfrac{d\overline{u}}{dx} = 0 \end{array}\right\} \tag{3.36}$$

　ラプラス変換された棒の変位 $\overline{u}$ の一般解は

$$\overline{u} = A_1 \sinh\frac{px}{c} + A_2 \cosh\frac{px}{c}$$

であるから，式 (3.36) を用いて係数 A_1 および A_2 を決定するとつぎのようになる。

$$A_1 = -\frac{F_0 c}{AE}\frac{1}{p^2}, \qquad A_2 = \frac{F_0 c}{AE}\frac{\cosh\dfrac{p\ell}{c}}{p^2\sinh\dfrac{p\ell}{c}}$$

よって，変位 u および応力 σ のラプラス変換解は以下のとおりになる。

$$\bar{u} = \frac{F_0 c}{AE}\frac{\cosh\dfrac{p(\ell-x)}{c}}{p^2\sinh\dfrac{p\ell}{c}}, \qquad \bar{\sigma} = -\frac{F_0}{A}\frac{\sinh\dfrac{p(\ell-x)}{c}}{p\sinh\dfrac{p\ell}{c}} \tag{3.37}$$

〔**2**〕 **ラプラス逆変換〔その 1：振動モードの重ね合せ〕**　式 (3.37) のラプラス逆変換を 3.3.2 項と同じくコーシーの留数定理を用いて行うが，ここでは簡単のため式 (3.37) の第二式の応力の逆変換について考えることにする。明らかに $\bar{\sigma}$ は，$p=0$ と式 (3.37) の分母にあるつぎの方程式の根で与えられる特異点をもっている。

$$\sinh\frac{p\ell}{c} = 0 \tag{3.38}$$

この根を $p = \pm ip_n$ とおけば，$\sin p_n\ell/c = 0$ となり，p_n はつぎのようになる。

$$\frac{p_n\ell}{c} = n\pi = \alpha_n \tag{3.39}$$

これらの特異点における留数をコーシーの定理に従って計算してすべて合計すればラプラス逆変換が求められ，応力の解はつぎのようになる。

$$\sigma = -\frac{F_0}{A}\left\{1 - \frac{x}{\ell} - 2\sum_{n=1}^{\infty}\frac{(-1)^{n-1}\sin\dfrac{\alpha_n(\ell-x)}{\ell}}{\alpha_n}\cos\frac{\alpha_n ct}{\ell}\right\} \tag{3.40}$$

〔**3**〕 **ラプラス逆変換〔その 2：波動の重ね合せ〕**　ここでは，応力のラプラス変換解である式 (3.37) の第二式を波動の重ね合せで表すため，つぎのように表すことにする。

$$\bar{\sigma} = -\frac{F_0}{Ap}\left\{e^{-\frac{px}{c}} - e^{-\frac{p(2\ell-x)}{c}} + e^{-\frac{p(2\ell+x)}{c}} - e^{-\frac{p(4\ell-x)}{c}}\right.$$
$$\left. + e^{-\frac{p(4\ell+x)}{c}} - e^{-\frac{p(6\ell-x)}{c}} + e^{-\frac{p(6\ell+x)}{c}} - \cdots\right\} \tag{3.41}$$

これをラプラス変換の変位則により項別に逆変換を行うと，つぎのようになる。

$$
\sigma = -\frac{F_0}{A}\left\{ H\left(t - \frac{x}{c}\right) - H\left(t - \frac{2\ell - x}{c}\right) + H\left(t - \frac{2\ell + x}{c}\right) \right.
$$

$$
\left. - H\left(t - \frac{4\ell - x}{c}\right) + H\left(t - \frac{4\ell + x}{c}\right) - H\left(t - \frac{6\ell - x}{c}\right) + \cdots \right\}
$$

$$(3.42)$$

この式の数値結果は，図 3.8 のようになる。

【考　察】
　式 (3.37) のラプラス逆変換をコーシーの留数定理に従って計算し，式 (3.40) を求めてみよう。

3.3.4　剛壁に衝突する棒の問題

　図 3.9 のように，長さ ℓ の棒が速度 V_0 で剛な壁に衝突する問題を考え，衝突後は棒と壁は接触したままで離れないものとする。

　この問題では，初期条件は座標の向きを考慮すると式 (3.13) における速度の符号は $V_0 \rightarrow -V_0$ となり，境界条件はつぎのようになる。

$$
\left.\begin{array}{ll}
(\,\mathrm{i}\,) & x = 0 \ (固定)\ において \quad u = 0 \\
(\mathrm{ii}) & x = \ell \ (自由)\ において \quad \sigma = 0
\end{array}\right\}
\tag{3.43}
$$

　式 (3.43) のラプラス変換は，変位で表せば

$$
\left.\begin{array}{ll}
(\mathrm{I}) & x = 0 \ において \quad \overline{u} = 0 \\
(\mathrm{II}) & x = \ell \ において \quad \dfrac{\partial \overline{u}}{\partial x} = 0
\end{array}\right\}
\tag{3.44}
$$

となるから，これに一般解の式 (3.19) を代入すれば，A_1 および A_2 がつぎのように求まる。

$$
A_1 = -\frac{V_0}{p^2}\frac{\sinh\dfrac{p\ell}{c}}{\cosh\dfrac{p\ell}{c}}, \qquad A_2 = \frac{V_0}{p^2}
$$

これを，式 (3.19) に代入すればラプラス変換領域における変位 $\overline{u}$ の解が求められ，つぎのようになる。

$$\overline{u} = \frac{V_0}{p^2} \left\{ \frac{\cosh \dfrac{p(\ell - x)}{c}}{\cosh \dfrac{p\ell}{c}} - 1 \right\} \tag{3.45}$$

これを x により微分すれば，応力 $\overline{\sigma}$ の解が得られつぎのようになる。

$$\overline{\sigma} = -\frac{\rho c V_0}{p} \frac{\sinh \dfrac{p(\ell - x)}{c}}{\cosh \dfrac{p\ell}{c}} \tag{3.46}$$

ここで，双曲線関数の部分を割算するとつぎのように表される。

$$\overline{u} = \frac{V_0}{p^2} \left\{ -1 + e^{-\frac{px}{c}} + e^{-\frac{p(2\ell-x)}{c}} - e^{-\frac{p(2\ell+x)}{c}} - e^{-\frac{p(4\ell-x)}{c}} + e^{-\frac{p(4\ell+x)}{c}} \right.$$
$$\left. + e^{-\frac{p(6\ell-x)}{c}} - e^{-\frac{p(6\ell+x)}{c}} - e^{-\frac{p(8\ell-x)}{c}} + e^{-\frac{p(8\ell+x)}{c}} + \cdots \right\},$$

$$\overline{\sigma} = -\frac{\rho c V_0}{p} \left\{ e^{-\frac{px}{c}} - e^{-\frac{p(2\ell-x)}{c}} - e^{-\frac{p(2\ell+x)}{c}} + e^{-\frac{p(4\ell-x)}{c}} + e^{-\frac{p(4\ell+x)}{c}} \right.$$
$$\left. - e^{-\frac{p(6\ell-x)}{c}} - e^{-\frac{p(6\ell+x)}{c}} + e^{-\frac{p(8\ell-x)}{c}} + e^{-\frac{p(8\ell+x)}{c}} - \cdots \right\} \tag{3.47}$$

ラプラス変換の変位則を用いて，この式のラプラス逆変換を項別に求めると，つぎのようになる。

$$u = V_0 \left\{ -t + tH\left(t - \frac{x}{c}\right) + tH\left(t - \frac{2\ell - x}{c}\right) - tH\left(t - \frac{2\ell + x}{c}\right) \right.$$
$$- tH\left(t - \frac{4\ell - x}{c}\right) + tH\left(t - \frac{4\ell + x}{c}\right) + tH\left(t - \frac{6\ell - x}{c}\right)$$
$$\left. - tH\left(t - \frac{6\ell + x}{c}\right) - tH\left(t - \frac{8\ell - x}{c}\right) + \cdots \right\}$$

$$\sigma = -\rho c V_0 \left\{ H\left(t - \frac{x}{c}\right) - H\left(t - \frac{2\ell - x}{c}\right) - H\left(t - \frac{2\ell + x}{c}\right) \right.$$
$$+ H\left(t - \frac{4\ell - x}{c}\right) + H\left(t - \frac{4\ell + x}{c}\right) - H\left(t - \frac{6\ell - x}{c}\right)$$
$$\left. - H\left(t - \frac{6\ell + x}{c}\right) + H\left(t - \frac{8\ell - x}{c}\right) + \cdots \right\} \tag{3.48}$$

この式の応力の数値結果は，図 3.10 のようになる。

3.3.5 棒の二体衝突問題

〔1〕 **自由棒と固定棒の衝突問題** 図 **3.26** のように，棒 I が固定された棒 II の自由棒に速度 V_0 で衝突する問題を考える。ただし，棒 I と棒 II は接触したのち離れないものとし，材質および棒の形状（断面積・長さ）は同じものとする。また，棒の長さは同じで，座標 x_1 および x_2 を図のように定める。

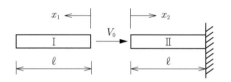

図 3.26 自由棒と固定棒の衝突

棒 I および棒 II それぞれの変位 u_1 および u_2 のラプラス変換解は，つぎのようにおくことができる。

$$\bar{u}_1 = A_{11} \sinh \frac{px_1}{c} + A_{12} \cosh \frac{px_1}{c} - \frac{V_0}{p^2}$$

$$\bar{u}_2 = A_{21} \sinh \frac{px_2}{c} + A_{22} \cosh \frac{px_2}{c}$$

$$(3.49)$$

境界条件のラプラス変換はつぎのようになる。

（I） $x_1 = \ell$ において $\bar{\sigma}_1 = E\bar{\varepsilon}_1 = E \dfrac{d\bar{u}_1}{dx_1} = 0$ $\qquad (3.50)$

（II） $x_1 = x_2 = 0$ において $\bar{u}_1 + \bar{u}_2 = 0, \quad \bar{\sigma}_1 = \bar{\sigma}_2$ $\qquad (3.51)$

（III） $x_2 = \ell$ において $u_2 = 0$ $\qquad (3.52)$

式 (3.50) から式 (3.52) を用いれば，係数 $A_{11}, A_{12}, A_{21}, A_{22}$ を決定する方程式は

$$A_{11} \cosh \frac{p\ell}{c} + A_{12} \sinh \frac{p\ell}{c} = 0,$$

$$A_{12} + A_{22} = \frac{V_0}{p^2}, \qquad A_{11} = A_{21},$$

$$A_{21} \sinh \frac{p\ell}{c} + A_{22} \cosh \frac{p\ell}{c} = 0$$

となり，これを解けばつぎのようになる。

$$A_{11} = -\frac{\sinh \dfrac{p\ell}{c} \cosh \dfrac{p\ell}{c}}{\sinh^2 \dfrac{p\ell}{c} + \cosh^2 \dfrac{p\ell}{c}} \frac{V_0}{p^2}, \qquad A_{12} = \frac{\cosh^2 \dfrac{p\ell}{c}}{\sinh^2 \dfrac{p\ell}{c} + \cosh^2 \dfrac{p\ell}{c}} \frac{V_0}{p^2},$$

$$A_{21} = A_{11}, \qquad A_{22} = \frac{\sinh^2 \dfrac{p\ell}{c}}{\sinh^2 \dfrac{p\ell}{c} + \cosh^2 \dfrac{p\ell}{c}} \frac{V_0}{p^2}$$

したがって，$\overline{u}_1$ および $\overline{u}_2$ の解はつぎのようになる。

$$\overline{u}_1 = \frac{V_0}{p^2 \cosh \dfrac{2p\ell}{c}} \left\{ -\sinh \frac{p\ell}{c} \cosh \frac{p\ell}{c} \sinh \frac{px_1}{c} + \cosh^2 \frac{p\ell}{c} \cosh \frac{px_1}{c} - 1 \right\},$$

$$\overline{u}_2 = \frac{V_0}{p^2 \cosh \dfrac{2p\ell}{c}} \left\{ -\sinh \frac{p\ell}{c} \cosh \frac{p\ell}{c} \sinh \frac{px_2}{c} + \sinh^2 \frac{p\ell}{c} \cosh \frac{px_2}{c} \right\}$$

$$(3.53)$$

応力の解は，この式をそれぞれ x_1 および x_2 で微分することにより得られ，つぎのようになる。

$$\overline{\sigma}_1 = \frac{\rho c V_0}{p \cosh \dfrac{2p\ell}{c}} \left\{ -\sinh \frac{p\ell}{c} \cosh \frac{p\ell}{c} \cosh \frac{px_1}{c} + \cosh^2 \frac{p\ell}{c} \sinh \frac{px_1}{c} \right\},$$

$$\overline{\sigma}_2 = \frac{\rho c V_0}{p \cosh \dfrac{2p\ell}{c}} \left\{ -\sinh \frac{p\ell}{c} \cosh \frac{p\ell}{c} \cosh \frac{px_2}{c} + \sinh^2 \frac{p\ell}{c} \sinh \frac{px_2}{c} \right\}$$

$$(3.54)$$

ラプラス逆変換は，3.3.2 項のようにコーシーの留数定理により行うことができるが，ここでは公式を使って波動の重ね合せの解を求める。

例えば，衝突面（$x_1 = x_2 = 0$）におけるラプラス変換応力は

$$(\overline{\sigma}_1)_{x_1=0} = (\overline{\sigma}_2)_{x_2=0} = -\frac{\rho c V_0}{p} \frac{\sinh \dfrac{p\ell}{c} \cosh \dfrac{p\ell}{c}}{\cosh \dfrac{2p\ell}{c}} \tag{3.55}$$

となり，この式の双曲線関数の部分を割算すると，つぎのように表される。

$$(\overline{\sigma}_1)_{x_1=0} = (\overline{\sigma}_2)_{x_2=0}$$
$$= -\frac{\rho c V_0}{2p} \left\{ 1 - 2e^{-\frac{4p\ell}{c}} + 2e^{-\frac{8p\ell}{c}} - 2e^{-\frac{12p\ell}{c}} + 2e^{-\frac{16p\ell}{c}} - \cdots \right\} \tag{3.56}$$

これをラプラス変換の変位則を用いてラプラス逆変換すれば，つぎのような解が得られる。

$$(\sigma_1)_{x_1=0} = (\sigma_2)_{x_2=0}$$
$$= -\frac{\rho c V_0}{2} \left\{ H(t) - 2H\left(t - \frac{4\ell}{c}\right) + 2H\left(t - \frac{8\ell}{c}\right) \right.$$
$$\left. - 2H\left(t - \frac{12\ell}{c}\right) + \cdots \right\} \tag{3.57}$$

　これを図示すれば図 3.15 と同様で，**図 3.27** のようになる。棒 I と棒 II の離反を許せば，図（a）の○印の時間 $t = 4\ell/c$ において，棒 I は V_0 の速度を得て跳ね返り，応力波は消滅し，衝突前の運動エネルギーが保存される。そして，棒 I と棒 II の接触時間は応力波が棒 I を二往復する時間となる。

〔**2**〕 **ハンマーによる棒の縦衝撃問題**（**Saint Venant の問題**）　**図 3.28**のように，固定された棒の自由端をハンマーで打撃する問題を解析してみよう。ここでは，ハンマーについては剛体質点と見なし，剛体質点と棒の二体衝突問題としてとらえることにする。剛体質点の質量は M_0，衝突速度は V_0 とし，衝突後は剛体質点と棒は接触したままで離れないものとする。

　図 3.29 のように，衝突によって剛体に働く力を $F(t)$，変位を u_0 とすれば，剛体の運動方程式はつぎのようになる。

$$M_0 \frac{d^2 u_0}{dt^2} = F(t) \tag{3.58}$$

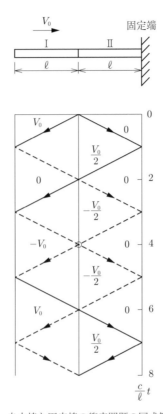

（ａ）　自由棒と固定棒の衝突問題の図式解法

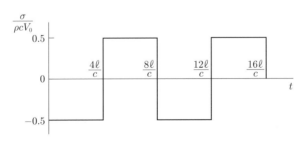

（ｂ）　自由棒と固定棒の衝突面における反力の時間応答

図 3.27　衝突面における反力の時間応答

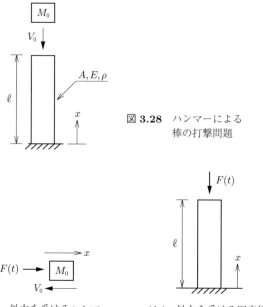

図 **3.28** ハンマーによる
棒の打撃問題

（ a ） 外力を受けるハンマー　　　（ b ） 外力を受ける固定棒

図 **3.29** ハンマーによる棒の打撃問題の分解図

この式を初期条件

$$(u_0)_{t=0} = 0, \qquad \left(\frac{du_0}{dt}\right)_{t=0} = -V_0 \tag{3.59}$$

の下でラプラス変換すれば，つぎのようになる。

$$M_0(V_0 + p^2 \overline{u}_0) = \overline{F}(p) \tag{3.60}$$

一方，一端が固定された棒の他端に衝撃荷重 $F(t)$ が作用する場合の棒の変位 $\overline{u}$ のラプラス変換解は，式 (3.23) を参照すればつぎのようになる。

$$\overline{u} = -\frac{\overline{F}(p)\sinh\dfrac{px}{c}}{Ip\cosh\dfrac{p\ell}{c}} \tag{3.61}$$

ここで，$I = A\rho c$，$\overline{u}_0 = (\overline{u})_{x=\ell}$ であるから，式 (3.61) を $x = \ell$ とおいて式 (3.60) に代入すれば，つぎの式が求められる。

$$\left(1 + \frac{M_0}{M}\frac{p\ell}{c}\tanh\frac{p\ell}{c}\right)\overline{F}(p) = M_0 V_0 \tag{3.62}$$

ここで，$M = \rho A\ell$ である。

これを式 (3.61) に代入して $\overline{F}(p)$ を消去すれば，つぎのような $\overline{u}$ の解が求められる。

$$\overline{u} = -\frac{M_0 V_0}{M}\frac{\sinh\dfrac{px}{c}}{\dfrac{p\ell}{c}\left(\cosh\dfrac{p\ell}{c} + \dfrac{M_0}{M}\dfrac{p\ell}{c}\sinh\dfrac{p\ell}{c}\right)} \tag{3.63}$$

これを x により微分すれば，応力 $\overline{\sigma}$ の解が求められ，つぎのようになる。

$$\overline{\sigma} = -\frac{M_0 V_0}{A}\frac{\cosh\dfrac{px}{c}}{\cosh\dfrac{p\ell}{c} + m_0\dfrac{p\ell}{c}\sinh\dfrac{p\ell}{c}} \tag{3.64}$$

ここで，$m_0 = M_0/M$ である。

一方，式 (3.60) の $\overline{F}(p)$ と式 (3.64) の $\overline{\sigma}$ との間にはつぎの関係がある。

$$\overline{F}(p) = -A(\overline{\sigma})_{x=\ell} \tag{3.65}$$

（a） ラプラス逆変換

① 波動の重ね合せによる解　式 (3.64) をオイラーの公式を用いて書き換え，除算により分解して次式のように変形すると，各項が衝撃端と固定端との間を伝播する応力波を表すことになる。

$$\begin{aligned}
\overline{\sigma} = -\frac{M_0 V_0}{A}\Bigg[&\frac{1}{1 + m_0 L_p}\Big\{ e^{X_p - L_p} + e^{-X_p - L_p} \\
&- \frac{1 - m_0 L_p}{1 + m_0 L_p}(e^{X_p - 3L_p} + e^{-X_p - 3L_p}) \\
&+ \left(\frac{1 - m_0 L_p}{1 + m_0 L_p}\right)^2 (e^{X_p - 5L_p} + e^{-X_p - 5L_p}) \\
&- \left(\frac{1 - m_0 L_p}{1 + m_0 L_p}\right)^3 (e^{X_p - 7L_p} + e^{-X_p - 7L_p}) + \cdots \Big\}\Bigg]
\end{aligned} \tag{3.66}$$

ここで

$$X_p = \frac{px}{c}, \qquad L_p = \frac{p\ell}{c}, \qquad m_0 = \frac{M_0}{M}$$

である。

式 (3.66) の第 1 項は，衝撃端において発生し固定端に向かって伝播していく応力波を表しており，第 2 項は，応力波が最初に固定端において反射し，衝撃端に向かって伝播していく応力波を表している。以降，時系列順に衝撃端から固定端へ，固定端から衝撃端へそれぞれ伝播していく応力波を表しており，これらを重ね合わせることにより，棒における応力の時間変化が求められることになる。変位則を利用して式 (3.66) をラプラス逆変換すれば，つぎのようになる。

$$\sigma = -\rho c V_0 \left[e^{-\frac{1}{m_0}\left(\tau - \frac{\ell - x}{\ell}\right)} H\left(\tau - \frac{\ell - x}{\ell}\right) + e^{-\frac{1}{m_0}\left(\tau - \frac{\ell + x}{\ell}\right)} H\left(\tau - \frac{\ell + x}{\ell}\right) \right.$$
$$- \left\{ \frac{2}{m_0}\left(\tau - \frac{3\ell - x}{\ell}\right) - 1 \right\} e^{-\frac{1}{m_0}\left(\tau - \frac{3\ell - x}{\ell}\right)} H\left(\tau - \frac{3\ell - x}{\ell}\right)$$
$$\left. - \left\{ \frac{2}{m_0}\left(\tau - \frac{3\ell + x}{\ell}\right) - 1 \right\} e^{-\frac{1}{m_0}\left(\tau - \frac{3\ell + x}{\ell}\right)} H\left(\tau - \frac{3\ell + x}{\ell}\right) + \cdots \right]$$

$$(3.67)$$

ここで，第 1 項は，ハンマーの衝撃により衝突端に発生した応力波が固定端に向かって伝播する圧縮応力波であり，第 2 項は，その波が固定端で反射して衝撃端に戻っていく圧縮応力波である。第 3 項は，固定端で反射した波が衝撃端に戻ってきて反射し，再び固定端に向かって伝播する波であり，第 4 項は，再度固定端で反射して再び衝撃端に戻っていく波である。以下同じように，応力波が衝撃端と固定端との間で伝播と反射を繰り返す応力波の解を表すことになる。

特に衝突端における応力，すなわち反力の解は $x = \ell$ とおけばよいので，つぎのようになる。

$$\sigma = -\rho c V_0 \left[e^{-\frac{\tau}{m_0}} H(\tau) + \left\{ 2 - \frac{2}{m_0}(\tau - 2) \right\} e^{-\frac{1}{m_0}(\tau - 2)} H(\tau - 2) + \cdots \right]$$

$$(3.68)$$

ここで，$\tau = ct/\ell$ である。

② 固有振動モードの重ね合せによる解　つぎに，式 (3.64) をコーシーの留数定理によりラプラス逆変換してみる。式 (3.64) の p 平面における特異点は原点を除く虚軸上に無数にあり，これらは共役であるのは明らかである。そこで，これらを $p = \pm ip_n$ と表記すれば，これらは式 (3.64) の分母を 0 とする次式の根で与えられる。

$$\cosh \frac{p\ell}{c} + m_0 \frac{p\ell}{c} \sinh \frac{p\ell}{c} = 0 \tag{3.69}$$

これに $p = \pm ip_n$ を代入すれば，p_n は次式を満足する値となることがわかる。

$$\tan \alpha_n = \frac{1}{m_0 \alpha_n} \tag{3.70}$$

ここで，$\alpha_n = p_n \ell/c$ である。

つぎに，特異点 $p = \pm ip_n$ における留数の和はつぎのように定義される。

$$\sum \operatorname*{Res}_{p=\pm ip_n} \left\{ \bar{\sigma} e^{pt} \right\} = -\frac{M_0 V_0}{A} \sum \lim_{p \to \pm ip_n} \frac{\{p - (\pm ip_n)\} \cosh \dfrac{px}{c} e^{pt}}{\cosh \dfrac{p\ell}{c} + m_0 \dfrac{p\ell}{c} \sinh \dfrac{p\ell}{c}} \tag{3.71}$$

これをロピタル（L'Hospital）の定理により，分母と分子をそれぞれ微分して 0 となる部分を省略して書き表せば，つぎのようになる。

$$\sum \operatorname*{Res}_{p=\pm ip_n} \left\{ \bar{\sigma} e^{pt} \right\}$$

$$= -\rho c V_0 m_0 \sum \lim_{p \to \pm ip_n} \frac{\cosh \dfrac{px}{c} e^{pt}}{\sinh \dfrac{p\ell}{c} + m_0 \dfrac{p\ell}{c} \cosh \dfrac{p\ell}{c} + m_0 \sinh \dfrac{p\ell}{c}}$$

これを $\alpha_n = p_n \ell/c$ の関係を用いて計算すればつぎのようになる。

$$\sum \operatorname*{Res}_{p=\pm ip_n} \left\{ \bar{\sigma} e^{pt} \right\} = -2\rho c V_0 m_0 \frac{\cos \dfrac{\alpha_n x}{\ell} \sin \alpha_n \tau}{(1 + m_0) \sin \alpha_n + m_0 \alpha_n \cos \alpha_n} \tag{3.72}$$

結局，応力のラプラス逆変換の結果は，$n = 1 \sim \infty$ の無限個の特異点における留数の総和を計算し，さらに式 (3.70) を用いて簡単化するとつぎのようになる。

$$\frac{\sigma}{\rho c V_0} = -2m_0^2 \sum_{n=1}^{\infty} \frac{\alpha_n \cos \dfrac{\alpha_n x}{\ell} \sin \alpha_n \tau}{m_0^2 \alpha_n^2 + m_0 + 1} \tag{3.73}$$

特に衝撃端の応力は $x = \ell$ とおき，つぎのようになる。

$$\frac{\sigma}{\rho c V_0} = -2m_0^2 \sum_{n=1}^{\infty} \frac{\alpha_n \sin \alpha_n \tau}{m_0^2 \alpha_n^2 + m_0 + 1} \tag{3.74}$$

（b）　**数値計算結果**　　波動の重ね合せの解 (3.67) について，$m_0 = 2$ とおいて $x = \ell$ および $x = \ell/2$ において計算したものが図 **3.30** である。

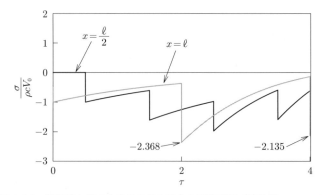

図 **3.30**　衝撃端と棒の中央における応力の時間応答（波動解，$m_0 = 2$）

　一方，固有振動モードの重ね合せの解について計算するため，式 (3.70) の根を $n = 20$ まで数値的に求めると**表 3.2** のようになる。この根を用いて，$m_0 = 1$ および $m_0 = 2$ の場合について式 (3.74) により衝突端の反力（応力）の応答を計算したものが，図 **3.31** (a)，(b) である。固有振動モードの重ね合せ解として求められた図 3.31 は，波動解として求められた図 3.30 と好対照であるが，数学的には表現形が違うだけで同等である。これは，図 3.25 において議論したこととまったく同じである。

　ハンマーの打撃点における反力の最初の値は，ハンマーの質量には関係なく $-\rho c V_0$ となる。その瞬間以降の反力は，式 (3.68) のとおり指数関数状に減少

表 3.2 ハンマー質量比 m_0 と式 (3.70) の根 α_n との関係

n	$m_0 = 0.5$	$m_0 = 1$	$m_0 = 2$
1	1.076 874	0.860 334	0.653 271
2	3.643 597	3.425 618	3.292 310
3	6.578 334	6.437 298	6.361 620
4	9.629 561	9.529 334	9.477 486
5	12.722 299	12.645 287	12.606 013
6	15.833 611	15.771 285	15.739 719
7	18.954 682	18.902 410	18.876 038
8	22.081 476	22.036 497	22.013 858
9	25.211 903	25.172 446	25.152 617
10	28.344 777	28.309 643	28.292 005
11	31.479 375	31.447 715	31.431 833
12	34.615 233	34.586 424	34.571 981
13	37.752 040	37.725 613	37.712 369
14	40.889 578	40.865 170	40.852 943
15	44.027 692	44.005 018	43.993 662
16	47.166 268	47.145 098	47.134 497
17	50.305 219	50.285 366	50.275 427
18	53.444 480	53.425 790	53.416 435
19	56.583 999	56.566 344	56.557 508
20	59.723 735	59.707 007	59.698 636

することになるが，その減少割合はハンマーの質量が大きいほど小さくなる。この反力の応答は波動となって固定端に向かって伝播していき，固定端では同じ波動が反射して逆に打撃点に向かって伝播する。そして，その波動が打撃点に到達すると，ハンマーは棒とは離れないものとして解析をしているため，固定端に到達した瞬間の反力は $2 \times (-\rho c V_0)$ となる。これに，打撃による最初の反力応答 $e^{-\tau/m_0}$ の $\tau = 2$ における値を加えて，反射波が打撃点に到達した瞬間の反力は $-(2 + e^{-2/m_0})\rho c V_0$ となる。したがって，その値は $m_0 = 1$ のとき $\sigma = -2.135\rho c V_0$，$m_0 = 2$ のとき $\sigma = -2.368\rho c V_0$，$m_0 = 4$ のとき $\sigma = -2.607\rho c V_0$ となる。この反射した波は再び固定端で反射されて $\tau = 4$ の時刻に打撃点に再び戻ってくる。したがって，$\tau = 4$ の瞬間における反力の値は，すでに打撃点に到達している波と重ね合わせてつぎのようになる。

$$-\left\{2 + e^{-4/m_0} + \left(2 - \frac{4}{m_0}\right)e^{-2/m_0}\right\}\rho c V_0$$

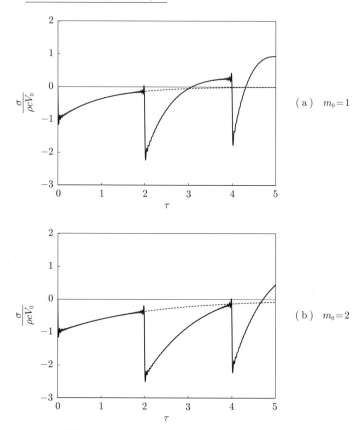

（ a ） $m_0 = 1$

（ b ） $m_0 = 2$

図 3.31　衝撃端における反力の応答（Saint Vennant 問題：固有モード解，破線は波動解）

この値は，$m_0 = 2$ のとき 2.135 となり，$m_0 = 4$ のとき 2.974 となる。

以後の応力の応答は，図 3.30 に示すとおり打撃点と固定端とからくる波が到達するたびに不連続に立ち上がり，その後減衰するといった応答を繰り返す。

このハンマーによる棒の打撃の問題は Saint Venant により詳細に議論されており，打撃点における反力の応答も**図 3.32** のように計算されている。図 3.32 の結果は波動解として求められており，ここで求めた結果はこれとほぼ完全に一致している。

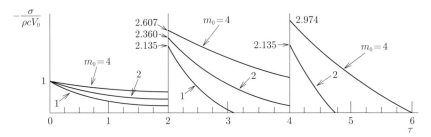

図 3.32 衝撃端における反力の応答（波動解：Saint Vennant による計算結果）[1]

【考　察】

　式 (3.70) を満足する根 α_n は下図のように $y_1 = \tan\alpha$ と $y_2 = 1/(m_0\alpha)$ の二つの関数の交点で与えられるが，解析的には求められない。

　そこで，$f(\alpha) = \tan\alpha - 1/(m_0\alpha)$ の根 α_n $(n = 1, 2, 3, \ldots)$ をニュートン法により求めてみよう。

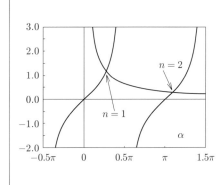

[ニュートン法]

　まず $f(\alpha)$ が 0 となる近傍の α の値を求め，この値における $f(\alpha)$ の接線を求める。つぎにこの接線が α 軸と交差する点の α の値を $f(\alpha) = 0$ の根の第一近似とする。以降，所定の精度が得られるまでこれを繰り返す。このようにして方程式の根を数値的に求める方法をニュートン法という。

3.4　棒の縦衝撃問題における逆解析

　境界条件すなわち外力条件が与えられた場合について，弾性体内部の応力を求めることを**順解析**といい，逆に弾性体内部の応答が与えられた場合について，境界条件を求めることを**逆解析**という。本節では，棒のひずみ応答から端に作用する外力を求める逆解析について述べる。

図 **3.33** に示すように，長さ ℓ の棒の一端から距離 ℓ_1 および ℓ_2 の点 A および点 B におけるひずみ応答 $\varepsilon_1(t)$ および $\varepsilon_2(t)$ がそれぞれ与えられている場合に，棒の端に作用している外力 $F(t)$ あるいは $G(t)$ を求める方法について考える。棒の支配方程式は二階の微分方程式であるから，独立な 2 個の境界条件が与えられれば解は定まる。しかし，与えられる条件は数学的には必ずしも境界条件である必要はない。

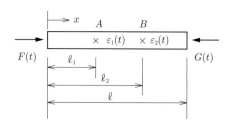

図 **3.33** 棒中のひずみ応答と
端に作用する外力

　そこで，棒の二点におけるひずみ応答が与えられた場合を想定して，解を導出する。

　棒は，x 軸方向に速度 V_0 をもっているものとすれば，ラプラス変換された棒の変位 $\bar{u}$ の一般解は，式 (3.19) よりつぎのようになる。

$$\bar{u} = A_1 \sinh \frac{p}{c}x + A_2 \cosh \frac{p}{c}x + \frac{V_0}{p^2}$$

ここで，A_1 および A_2 が，与えられた 2 個の条件により定められる。

　与えられた条件は，点 A および点 B におけるひずみ応答であるとすると

$$\left.\begin{array}{l} \left(\dfrac{\partial u}{\partial x}\right)_{x=\ell_1} = \varepsilon_1(t) \\[2mm] \left(\dfrac{\partial u}{\partial x}\right)_{x=\ell_2} = \varepsilon_2(t) \end{array}\right\} \tag{3.75}$$

となり，これをラプラス変換すれば次式が得られる。

$$\left(\frac{d\bar{u}}{dx}\right)_{x=\ell_1} = \bar{\varepsilon}_1(p), \qquad \left(\frac{d\bar{u}}{dx}\right)_{x=\ell_2} = \bar{\varepsilon}_2(p) \tag{3.76}$$

これに一般解を代入すれば係数 A_1 および A_2 が決定され，つぎのようになる。

$$\left.\begin{array}{l} A_1 \sinh \dfrac{p}{c}(\ell_2 - \ell_1) = \dfrac{c}{p}\left(\overline{\varepsilon}_1(p)\sinh\dfrac{p\ell_1}{c} - \overline{\varepsilon}_2(p)\sinh\dfrac{p\ell_2}{c}\right) \\[4mm] A_2 \sinh \dfrac{p}{c}(\ell_2 - \ell_1) = \dfrac{c}{p}\left(-\overline{\varepsilon}_1(p)\cosh\dfrac{p\ell_2}{c} + \varepsilon_2(p)\cosh\dfrac{p\ell_1}{c}\right) \end{array}\right\}$$
(3.77)

以上により棒の解が定まり，端における荷重 $F(t)$ と $G(t)$，および変位 $u_0(t)$ と $u_l(t)$ のそれぞれのラプラス変換は，つぎのように定義できる。

$$\left.\begin{array}{ll} \overline{F}(p) = -AE\left(\dfrac{d\overline{u}}{dx}\right)_{x=0}, & \overline{G}(p) = -AE\left(\dfrac{d\overline{u}}{dx}\right)_{x=\ell} \\[4mm] \overline{u}_0(p) = (\overline{u})_{x=0}, & \overline{u}_l(p) = (\overline{u})_{x=\ell} \end{array}\right\}$$
(3.78)

例えば，$\overline{F}(p)$ および $\overline{u}_0(p)$ を具体的に記述するとつぎのようになる。

$$\left.\begin{array}{l} \overline{F}(p) = AE\dfrac{-\overline{\varepsilon}_1(p)\sinh\dfrac{p\ell_2}{c} + \overline{\varepsilon}_2(p)\sinh\dfrac{p\ell_1}{c}}{\sinh\dfrac{p(\ell_2 - \ell_1)}{c}} \\[8mm] \overline{u}_0(p) = \dfrac{c}{p}\dfrac{-\overline{\varepsilon}_1(p)\cosh\dfrac{p\ell_2}{c} + \overline{\varepsilon}_2(p)\cosh\dfrac{p\ell_1}{c}}{\sinh\dfrac{p(\ell_2 - \ell_1)}{c}} + \dfrac{V_0}{p^2} \end{array}\right\}$$
(3.79)

残る問題は，これらのラプラス逆変換であるが，点 A および点 B を棒の全長を三等分する位置，すなわち

$$\ell_1 = \dfrac{\ell}{3}, \qquad \ell_2 = \dfrac{2\ell}{3}$$
(3.80)

とすると，式の表現がつぎのように簡単になる。

$$\left.\begin{array}{l} \overline{F}(p) = AE\left\{\overline{\varepsilon}_2(p) - 2\overline{\varepsilon}_1(p)\cosh\dfrac{p\ell}{3c}\right\} \\[6mm] \overline{u}_0(p) = \dfrac{c}{p}\dfrac{-\overline{\varepsilon}_1(p)\cosh\dfrac{2p\ell}{3c} + \overline{\varepsilon}_2(p)\cosh\dfrac{p\ell}{3c}}{\sinh\dfrac{p\ell}{3c}} + \dfrac{V_0}{p^2} \end{array}\right\}$$
(3.81)

式 (3.81) の $\overline{F}(p)$ についてのラプラス逆変換は，変位則を用いて解析的に行うことが可能である。すなわち，$\overline{u}_0(p)$ については閉じた形にならないが，$\overline{F}(p)$

は閉じた形の式で表され，つぎのようになる。

$$F(t) = AE\left\{\varepsilon_2(t)H(t) - \varepsilon_1\left(t + \frac{\ell}{3c}\right)H\left(t + \frac{\ell}{3c}\right)\right.$$
$$\left. -\varepsilon_1\left(t - \frac{\ell}{3c}\right)H\left(t - \frac{\ell}{3c}\right)\right\} \tag{3.82}$$

すなわち，与えられたひずみ応答 $\varepsilon_2(t)$ および $\varepsilon_1(t)$ を時間 $\ell/3c$ だけ正方向と負方向に平行移動させたものを重ね合わせるだけで，端における境界条件が求められることになる。

一方，棒の両端のうちの一端の境界条件が与えられていて既知である場合は，棒の一点におけるひずみ応答があれば他端の未知の境界条件は求められる。例えば，図 **3.34** のように棒の一端が自由である場合は，これを微分方程式の解を定めるための条件として用いることができるので，棒中は一点におけるひずみ応答が与えられるだけで，解が定められる。

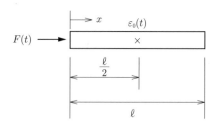

図 **3.34**　自由棒中のひずみ応答と端に作用する外力

この場合は，棒の中央におけるひずみ応答 $\overline{\varepsilon}_0(p) = 0$ を与えるのが最も都合がよく，式 (3.79) において $\ell_2 = \ell$，$\ell_1 = \ell/2$，$\overline{\varepsilon}_2(p) = 0$ とすれば，つぎのようになる。

$$\left.\begin{array}{l} \overline{F}(p) = -2AE\overline{\varepsilon}_0(p)\cosh\dfrac{p\ell}{2c} \\[3mm] \overline{u}_0(p) = \dfrac{c}{p}\dfrac{\overline{\varepsilon}_0(p)\cosh\dfrac{p\ell}{c}}{\sinh\dfrac{p\ell}{2c}} + \dfrac{V_0}{p^2} \end{array}\right\} \tag{3.83}$$

式 (3.83) のラプラス逆変換は，ラプラス変換の変位則によって解析的に行うことができる。前の例と同様に $\overline{u}_0(p)$ については閉じた形にならないが，$\overline{F}(p)$

は閉じた形の式で表され，つぎのようになる。

$$F(t) = -AE\left\{\varepsilon_0\left(t+\frac{\ell}{2c}\right)H\left(t+\frac{\ell}{2c}\right)+\varepsilon_0\left(t-\frac{\ell}{2c}\right)H\left(t-\frac{\ell}{2c}\right)\right\}$$
$$(3.84)$$

なお，$\overline{u}_0(p)$ は式 (3.84) のような閉じた形の式にはならないが，3.3.2 項の問題の式 (3.32) のように表してラプラス逆変換し，波動の重ね合せの式を求めることはできる。

　以上のように，逆解析の例として，棒の中のひずみ応答から端における境界条件，すなわち外力と変位が求められた。

　一般に知られている逆解析のよい例は，地震時の震源解析である。地震による各地の地震計の応答から，外力すなわち震源の位置や大きさを解析する過程は，本節の解析とよく似ている。

【考　察】
　①　両端自由棒にステップ関数状の衝撃力 $F_0H(t)$ が作用する場合の，棒の中央における応力の応答は，つぎの図のようになる。ただし，$\sigma_0 = F_0/A$ である。これを逆解析の結果である式 (3.84) に従って外力を求めれば，$F_0H(t)$ になることを確かめてみよう。

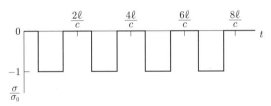

　②　逆解析における式 (3.83) の $\overline{u}_0(p)$ のラプラス逆変換を波動の重ね合せの式で表してみよう。

　本節ではラプラス変換に関する記述が多く出てきたが，その逆変換については簡単な記述にとどめた。より詳細な説明は 8 章を参照されたい。

4 梁の曲げ衝撃

本章では，梁にさまざまな衝撃力が作用する問題の解析方法を示すとともに，梁の衝撃応答に関する基本的な理解を与える。基礎方程式には，古典理論であるベルヌーイ・オイラー（Bernoulli–Euler）の理論を用いることにする。

4.1 基 礎 方 程 式

最初に 2 章で示した解析の出発点となるベルヌーイ・オイラーの理論を，改めてまとめて記載しておくことにする。図 **4.1** に示すように，梁の座標系を定義し，応力については，合応力成分である曲げモーメント M とせん断力 Q で表すものとする。その他の記号などの定義は以下のとおりである。

E：ヤング率（縦弾性係数）， $\qquad$ G：せん断弾性係数，

ρ：密 度， $\qquad$ ν：ポアソン比， $\qquad$ ℓ：梁の長さ，

h：梁の高さ（長方形断面）， $\qquad$ b：梁の幅（長方形断面），

A：断面積， $\quad$ I：断面二次モーメント， $\quad$ $r = \sqrt{I/A}$：回転半径，

σ：応 力， $\qquad$ ε：ひずみ， $\qquad$ ω_n：無次元固有振動数，

M：曲げモーメント， $\qquad$ Q：せん断力， $\qquad$ x：梁の長さ方向座標，

z：梁の高さ方向座標，

t：時 間， $\quad$ (u,w)：変位成分， $\quad$ p：ラプラス変換パラメータ，

w：たわみ， $\quad$ ψ：断面の回転角（たわみ角）， $\quad$ q：分布荷重

古典理論では梁のせん断変形を無視しているので，たわみ w とたわみ角 ψ，曲げモーメント M，せん断力 Q の関係は以下のようになる。

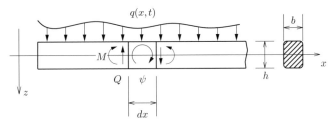

図 4.1　梁に生ずる変位と合応力の定義

$$\psi = \frac{\partial w}{\partial x}, \qquad M = -EI\frac{\partial^2 w}{\partial x^2}, \qquad Q = \frac{\partial M}{\partial x} = -EI\frac{\partial^3 w}{\partial x^3} \tag{4.1}$$

また，このとき平衡方程式はつぎのようになる。

$$Q - \frac{\partial M}{\partial x} = 0, \qquad \frac{\partial Q}{\partial x} + q(x,t) = \rho A\frac{\partial^2 w}{\partial t^2} \tag{4.2}$$

ここで，第一式は回転の釣合いで，回転慣性は微小量として無視している。第二式は z 軸方向の並進の釣合い式である。

　なお，せん断力 Q はせん断変形を無視しているので，たわみ w との関係を定義できない。そのため，式 (4.1) のせん断力は平衡方程式 (4.2) の第一式から求めている。

　平衡方程式をたわみ w で表せば，つぎのようになる。

$$EI\frac{\partial^4 w}{\partial x^4} + \rho A\frac{\partial^2 w}{\partial t^2} = q(x,t) \tag{4.3}$$

曲げモーメント M から応力 σ を求める場合は，式 (2.22) すなわち次式を用いればよい。

$$\sigma = \frac{M}{I}z \tag{4.4}$$

　式 (4.3) の解を求めるために，ラプラス変換を行う。まず初期条件が必要になるが，本章ではつぎの式が成り立つと考える。

$$(w)_{t=0} = \left(\frac{\partial w}{\partial t}\right)_{t=0} = 0 \tag{4.5}$$

この条件の下で，式 (4.3) をラプラス変換すれば次式が得られる。

$$\frac{d^4\overline{w}}{dx^4} - \alpha^4 \overline{w} = \frac{\overline{q}(x,p)}{EI} \tag{4.6}$$

ここで

$$p^2 \frac{\rho A}{EI} = -\alpha^4$$

とおくものとする。また，ラプラス変換は次式で定義される。

$$\overline{w} = \int_0^\infty w e^{-pt} dt$$

　式 (4.6) は定係数常微分方程式であるから，一般解は非同次解を含めてつぎのように表すことができる。

$$\overline{w} = c_1 e^{i\alpha x} + c_2 e^{-i\alpha x} + c_3 e^{\alpha x} + c_4 e^{-\alpha x} - \frac{\overline{q}(x,p)}{\alpha^4 EI} \tag{4.7}$$

この式はつぎのように表すこともできるので，簡単のため本章ではこれを使うものとする。

$$\overline{w} = c_1 \sin \alpha x + c_2 \cos \alpha x + c_3 \sinh \alpha x + c_4 \cosh \alpha x - \frac{\overline{q}(x,p)}{\alpha^4 EI} \tag{4.8}$$

　梁に作用する外力が，分布荷重ではなく梁の端末に働く荷重として定義される場合は，非同次解を除いた次式を使うものとする。

$$\overline{w} = c_1 \sin \alpha x + c_2 \cos \alpha x + c_3 \sinh \alpha x + c_4 \cosh \alpha x \tag{4.9}$$

　静的な問題では，式 (4.3) は

$$EI \frac{d^4 w}{dx^4} = q(x) \tag{4.10}$$

となり，例えば梁に作用する分布荷重が単位長さ当り q_0 の等分布荷重であれば，$q(x) = q_0$ となり，静たわみ w の一般解はつぎのようになる。

$$w = c_1 x^3 + c_2 x^2 + c_3 x + c_4 + \frac{q_0}{24EI} x^4 \tag{4.11}$$

　問題が具体的に与えられれば，境界条件を用いて未定係数 $c_1, \ldots, c_4$ が求められ，静たわみの解が求められる。

4.2　両端単純支持梁の衝撃応答問題

4.2.1　フーリエ級数による解析

図 **4.2** のように，両端が単純支持された長さ ℓ の有限長梁に分布衝撃荷重
$q(x,t)$ が作用する問題を考えると，境界条件はつぎのようになる。

$$(w)_{x=0,\ell} = (M)_{x=0,\ell} = 0 \tag{4.12}$$

この条件を満足するたわみ w のフーリエ級数解を，つぎのようにおくことに
する。

$$w = \sum_{n=1}^{\infty} W_n(t) \sin\frac{n\pi}{\ell}x \tag{4.13}$$

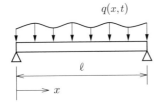

図 4.2　分布荷重を受ける
両端単純支持梁

ここで，$W_n(t)$ は時間 t の関数であり，平衡方程式を満足するように決定さ
れる。そこで，式 (4.13) を式 (4.3) に代入し，$\sin(n\pi/\ell)x$ を両辺に乗じて積
分し，さらにラプラス変換すれば次式が得られる。

$$\left\{\left(\frac{n\pi}{\ell}\right)^4 + \frac{\rho A}{EI}p^2\right\}\overline{W}_n = \frac{\overline{q}_n}{EI} \tag{4.14}$$

ここで，$\overline{W}_n(p)$ および $\overline{q}_n(p)$ はそれぞれ $W_n(t)$ および $q_n(t)$ のラプラス変換で
あり，$q_n(t)$ は次式のとおりである。

$$q_n(t) = \frac{2}{\ell} \int_0^{\ell} q(x,t) \sin \frac{n\pi}{\ell} x \, dx \tag{4.15}$$

式 (4.14) のラプラス逆変換を求めるためにつぎのように書き換える。

$$\overline{W}_n = \frac{\overline{q}_n}{\rho A c r \alpha_n^2} \frac{a}{p^2 + a^2}, \qquad a = c r \alpha_n^2 \tag{4.16}$$

ここで，正弦関数 $\sin at$ のラプラス変換が $a/(p^2 + a^2)$ であることとラプラス変換の合成則を用いれば，式 (4.16) のラプラス逆変換はつぎのようになる。

$$W_n(t) = \int_0^t \frac{\sin\{cr\alpha_n^2(t-\tau)\} \cdot q_n(\tau)}{\rho A c r \alpha_n^2} d\tau \tag{4.17}$$

ここで，$c = \sqrt{E/\rho}$, $r = \sqrt{I/A}$, $\alpha_n = n\pi/\ell$ である。

4.2.2 部分分布荷重の場合

例えば，図 **4.3** (a) のように，$x = a$ の位置を中心として幅 δ の領域

$$a - \frac{\delta}{2} \leqq x \leqq a + \frac{\delta}{2}$$

に等分布荷重が作用する場合には，式 (4.15) はつぎのようになる。

$$q_n(t) = \frac{2q_0 f(t)}{\ell} \int_0^{\ell} H\left(\frac{\delta}{2} - |x-a|\right) \sin \frac{n\pi}{\ell} x dx \tag{4.18}$$

この積分を実行すれば式 (4.17) の $W_n(t)$ はつぎのようになる。

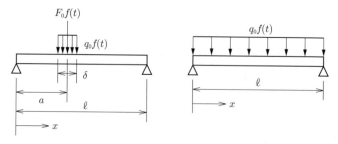

(a) 部分等分布荷重と集中荷重   (b) 等分布荷重

図 **4.3** 衝撃荷重を受ける両端単純支持梁

$$W_n(t) = \frac{4q_0 \sin \alpha_n a \sin \alpha_n \dfrac{\delta}{2}}{\rho A \ell c r \alpha_n^3} \int_0^t \sin\{cr\alpha_n^2(t-\tau)\} \cdot f(\tau)d\tau \quad (4.19)$$

荷重が図 **4.4** のように**ステップ関数** $H(t)$ 状に働く場合には，$f(t) = H(t)$ であるから，式 (4.19) はつぎのようになる。

$$W_n(t) = \frac{4q_0 \sin \alpha_n a \sin \alpha_n \dfrac{\delta}{2}}{\ell EI \alpha_n^5}(1 - \cos cr\alpha_n^2 t) \quad (4.20)$$

これを式 (4.13) に代入すれば，たわみの解がつぎのようになる。

$$w = \frac{4q_0}{\ell EI} \sum_{n=1}^{\infty} \frac{\sin \alpha_n a \sin \alpha_n \dfrac{\delta}{2}}{\alpha_n^5} \sin \frac{n\pi}{\ell} x \cdot (1 - \cos cr\alpha_n^2 t) \quad (4.21)$$

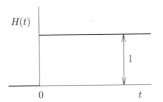

図 **4.4**　ステップ関数
（図 3.23 再掲）

4.2.3　集中荷重の場合

荷重が図 4.3 (a) に示すような集中荷重で $f(t) = H(t)$ の場合の結果は，式 (4.20) において $F_0 \equiv q_0\delta$ とおいた上で $\delta \to 0$ とすれば得られ，つぎのようになる。

$$W_n(t) = \frac{2F_0 \sin \alpha_n a}{\ell EI \alpha_n^4}(1 - \cos cr\alpha_n^2 t) \quad (4.22)$$

この場合のたわみ w の解は，式 (4.13) に代入してつぎのようになる。

$$w = \frac{2F_0\ell^3}{EI} \sum_{n=1}^{\infty} \frac{\sin \alpha_n a \sin \alpha_n x}{(\alpha_n\ell)^4}(1 - \cos cr\alpha_n^2 t) \quad (4.23)$$

ここで，集中荷重 $F_0 H(t)$ が梁の中央に作用する場合は $a = \ell/2$ となり，次式のようになる。

$$w = \frac{2F_0\ell^3}{EI} \sum_{n=1}^{\infty} \sin\frac{n\pi}{2} \frac{\sin\alpha_n x}{(\alpha_n\ell)^4}(1 - \cos cr\alpha_n^2 t) \tag{4.24}$$

曲げモーメントの解は，式 (4.1) を用いてつぎのようになる。

$$M = 2F_0\ell \sum_{n=1}^{\infty} \sin\frac{n\pi}{2} \frac{\sin\alpha_n x}{(\alpha_n\ell)^2}(1 - \cos cr\alpha_n^2 t) \tag{4.25}$$

4.2.4　等分布荷重の場合

一方，図 4.3 (b) のように，梁の全長 $0 \leqq x \leqq \ell$ にわたって等分布荷重 $q(x,t) = q_0 f(t)$ が作用する場合のたわみ w の解は，荷重がステップ関数 $H(t)$ の場合，式 (4.21) において $a = \ell/2$，$\delta = \ell$ とおくことにより得られ，つぎのようになる。

$$w = \frac{4q_0\ell^4}{EI} \sum_{n=1,3,5...}^{\infty} \frac{\sin\alpha_n x}{(\alpha_n\ell)^5}(1 - \cos cr\alpha_n^2 t) \tag{4.26}$$

曲げモーメント M の解は，式 (4.1) を用いてつぎのようになる。

$$M = 4q_0\ell^2 \sum_{n=1,3,5...}^{\infty} \frac{\sin\alpha_n x}{(\alpha_n\ell)^3}(1 - \cos cr\alpha_n^2 t) \tag{4.27}$$

式 (4.21) などに見られる $cr\alpha_n^2$ は，次式のような両端支持梁の n 次の固有振動数 p_n である。

$$cr\alpha_n^2 = \sqrt{\frac{EI}{\rho A}}\left(\frac{n\pi}{\ell}\right)^2 = p_n \tag{4.28}$$

ここで，n が奇数の場合は，梁の中央に関して対称なモード形状を有する固有振動数であり，n が偶数の場合は，非対称なモード形状を有する固有振動数である。また，式 (4.28) から，固有振動数は梁の長さの 2 乗に逆比例することがわかる。すなわち，例えば梁の長さが 2 倍になれば，固有振動数は 4 倍低くなる。

以上の結果は，両端単純支持梁の固有振動モード $\sin\alpha_n x$ の重ね合せで表示された形式となっている。

4.2.5　数 値 計 算 例

本節で示した結果から，ステップ関数状の集中荷重と等分布荷重が作用する場合について，たわみ w と曲げモーメント M の数値計算をしてみる。数値計算にあたっては，結果になるべく汎用性をもたせるよう，式を以下のように無次元化しておくのが望ましい。

〔**1**〕　**梁の中央に集中荷重が作用する場合**　　式 (4.24) および式 (4.25) をつぎのように変形しておく。

$$\frac{EI}{F_0\ell^3}w = 2\sum_{n=1,3,5,\ldots}^{\infty}\frac{(-1)^{\frac{n-1}{2}}\sin n\pi\left(\frac{x}{\ell}\right)}{(n\pi)^4}(1-\cos\omega_n\tau),$$

$$\frac{M}{F_0\ell} = 2\sum_{n=1,3,5,\ldots}^{\infty}\frac{(-1)^{\frac{n-1}{2}}\sin n\pi\left(\frac{x}{\ell}\right)}{(n\pi)^2}(1-\cos\omega_n\tau) \qquad (4.29)$$

ここで

$$\omega_n = (\alpha_n\ell)^2, \qquad \tau = \frac{cr}{\ell^2}t, \qquad r = \sqrt{\frac{I}{A}}$$

である。

例えば高さ h，幅 b の長方形断面梁では，断面二次モーメント I と断面積 A および r はつぎのようになる。

$$I = \frac{bh^3}{12}, \qquad A = bh, \qquad r = \frac{\sqrt{3}}{6}h$$

式 (4.29) を $x = \ell/2$ において数値計算すると，**図 4.5** および**図 4.6** のようになる。これらは梁の一次固有振動周期の二周期分あまりを示しているが，たわみはほぼこの一次の固有周期で変動している。一方，曲げモーメントは二次以降の固有周期の影響も現れている。

荷重がステップ関数状に作用する場合の応答は，荷重が静的作用した場合の結果（図中の一点鎖線）を中心に変動することが知られている。

この場合のたわみおよび曲げモーメントの静的結果 w_{static} および M_{static} は，つぎの式で与えられる。

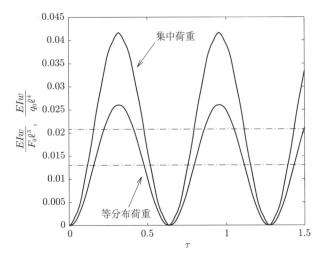

図 4.5 ステップ状荷重を受ける両端単純支持梁中央のたわみ

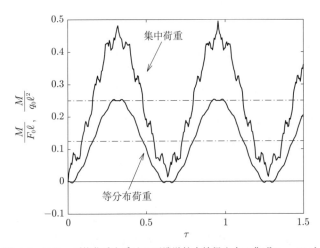

図 4.6 ステップ状荷重を受ける両端単純支持梁中央の曲げモーメント

$$\frac{EI}{F_0\ell^3}w_{static} = \frac{x}{16\ell} - \frac{x^3}{12\ell^3}, \qquad \frac{M_{static}}{F_0\ell} = \frac{x}{2\ell} \qquad \left(0 \leqq x \leqq \frac{\ell}{2}\right)$$
(4.30)

この式の梁の中央 $x = \ell/2$ における数値を計算すると，つぎのようになる。

$$\frac{EI}{F_0\ell^3}w_{static} \doteqdot 0.020\,8, \qquad \frac{M_{static}}{F_0\ell} = 0.25$$

図 4.5 および図 4.6 を見ると，たわみも曲げモーメントもこの値を中心として変動していることがわかる。このことは，式 (4.29) の右辺の係数が静的結果の式 (4.30) と等しく，つぎのような関係にあることを意味している。

$$\frac{EI}{F_0\ell^3}w_{static} = \frac{x}{16\ell} - \frac{x^3}{12\ell^3} = 2\sum_{n=1,3,5,\dots}^{\infty}\frac{(-1)^{\frac{n-1}{2}}\sin n\pi\left(\frac{x}{\ell}\right)}{(n\pi)^4},$$

$$\frac{M_{static}}{F_0\ell} = \frac{x}{2\ell} = 2\sum_{n=1,3,5,\dots}^{\infty}\frac{(-1)^{\frac{n-1}{2}}\sin n\pi\left(\frac{x}{\ell}\right)}{(n\pi)^2} \qquad \left(0 \le x \le \frac{\ell}{2}\right)$$

すなわちこれらは静的結果のフーリエ級数表示となっている。

〔**2**〕 **全長にわたって等分布荷重が作用する場合** 集中荷重の場合と同様に，数値計算のためにつぎのように変形する。

$$\frac{EI}{q_0\ell^4}w = 4\sum_{n=1,3,5,\dots}^{\infty}\frac{(-1)^{\frac{n-1}{2}}\sin n\pi\left(\frac{x}{\ell}\right)}{(n\pi)^5}(1-\cos\omega_n\tau),$$

$$\frac{M}{q_0\ell^2} = 4\sum_{n=1,3,5,\dots}^{\infty}\frac{(-1)^{\frac{n-1}{2}}\sin n\pi\left(\frac{x}{\ell}\right)}{(n\pi)^3}(1-\cos\omega_n\tau) \qquad (4.31)$$

これらの式を $x = \ell/2$ において数値計算すると，図 4.5 および図 4.6 のようになる。この場合の静荷重の下でのたわみ w_{static} および M_{static} は，以下の式で与えられる。

$$\frac{EI}{q_0\ell^4}w_{static} = \frac{x}{24\ell}\left(1 - 2\frac{x^2}{\ell^2} + \frac{x^3}{\ell^3}\right), \qquad \frac{M_{static}}{q_0\ell^2} = \frac{1}{2}\left(\frac{x}{\ell} - \frac{x^2}{\ell^2}\right)$$
$$(4.32)$$

この式を梁の中央 $x = \ell/2$ において数値計算すると，つぎのようになる。

$$\frac{EI}{q_0\ell^4}w_{static} \doteqdot 0.013\,0, \qquad \frac{M_{static}}{q_0\ell^2} = 0.125$$

図 4.5 および図 4.6 を見ると，たわみも曲げモーメントもこの値を中心として変動していることがわかる。このことは，荷重が集中荷重の場合と同様に，式

(4.31) の右辺の係数が静的結果とつぎのような関係にあることを意味している。

$$\frac{EI}{q_0\ell^4} w_{static} = \frac{x}{24\ell}\left(1 - 2\frac{x^2}{\ell^2} + \frac{x^3}{\ell^3}\right) = 4 \sum_{n=1,3,5,\ldots}^{\infty} \frac{(-1)^{\frac{n-1}{2}} \sin n\pi\left(\frac{x}{\ell}\right)}{(n\pi)^5},$$

$$\frac{M_{static}}{q_0\ell^2} = \frac{1}{2}\left(\frac{x}{\ell} - \frac{x^2}{\ell^2}\right) = 4 \sum_{n=1,3,5,\ldots}^{\infty} \frac{(-1)^{\frac{n-1}{2}} \sin n\pi\left(\frac{x}{\ell}\right)}{(n\pi)^3}$$

すなわちこれらは静的結果のフーリエ級数表示となっている。

また，荷重の合力が同じ場合，たわみおよび曲げモーメント共に集中荷重の場合のほうが大きくなる。

式 (4.29) および式 (4.31) のような形にすれば，たわみも曲げモーメントも無次元となり，固有振動数 ω_n と時間 τ も無次元となるので，図 4.5 および図 4.6 の計算結果は梁の材料や形状（断面形状や長さ）などに依存しない結果となる。したがって，これらの数値計算結果から，すべての具体的な材料や形状の梁についての結果が求められる。

4.3　さまざまな境界条件を有する梁

4.3.1　境　界　条　件

梁の端末における基本的な境界条件には，つぎの 3 種類がある。

（ⅰ）　自　由　端

$$\left.\begin{array}{ll} \text{曲げモーメント：} & M = 0 \text{ すなわち } \dfrac{\partial^2 w}{\partial x^2} = 0 \\[2mm] \text{せん断力：} & Q = 0 \text{ すなわち } \dfrac{\partial^3 w}{\partial x^3} = 0 \end{array}\right\} \tag{4.33}$$

（ⅱ）　支　持　端

$$\left.\begin{array}{ll} \text{たわみ：} & w = 0 \\[2mm] \text{曲げモーメント：} & M = 0 \text{ すなわち } \dfrac{\partial^2 w}{\partial x^2} = 0 \end{array}\right\} \tag{4.34}$$

(iii) 固　定　端

たわみ: $w = 0$
たわみ角: $\dfrac{\partial w}{\partial x} = 0$
$$\left.\begin{array}{l} w = 0 \\ \dfrac{\partial w}{\partial x} = 0 \end{array}\right\} \tag{4.35}$$

梁の両端に境界条件を設定する場合は，この 3 種類の組合せとなる。

4.3.2　境界条件と固有振動数

長さ ℓ の梁両端における境界条件の組合せは，現実的には以下のような 5 種類が主なものとなり，それぞれについて固有振動数 p_n，すなわち $\alpha_n \ell$ を決定する方程式を求めると以下のようになる。

（Ⅰ）　両端自由　　$\cos \alpha\ell \cosh \alpha\ell - 1 = 0$ $\qquad\qquad$ (4.36)

（Ⅱ）　両端固定　　$\cos \alpha\ell \cosh \alpha\ell - 1 = 0$ $\qquad\qquad$ (4.37)

（Ⅲ）　両端単純支持　$\sin \alpha\ell = 0$ $\qquad\qquad\qquad\qquad$ (4.38)

（Ⅳ）　一端固定・他端自由（片持ち）　$\cos \alpha\ell \cosh \alpha\ell + 1 = 0$ $\quad$ (4.39)

（Ⅴ）　一端単純支持・他端固定　$\tan \alpha\ell - \tanh \alpha\ell = 0$ $\qquad$ (4.40)

例えば両端自由の場合は，式 (4.9) を $x = 0$ および $x = \ell$ においてラプラス変換した式 (4.33) に代入すれば，次式が得られる。

$$\begin{bmatrix} 0 & -1 & 0 & 1 \\ -1 & 0 & 1 & 0 \\ -\sin \alpha\ell & -\cos \alpha\ell & \sinh \alpha\ell & \cosh \alpha\ell \\ -\cos \alpha\ell & \sin \alpha\ell & \cosh \alpha\ell & \sinh \alpha\ell \end{bmatrix} \begin{bmatrix} c_1 \\ c_2 \\ c_3 \\ c_4 \end{bmatrix} = 0$$

この式が恒等的に成立するための条件として，式 (4.36) が得られる。

これらの固有振動数を与える方程式 (4.36), (4.38)〜(4.40) の根 $\alpha_n \ell$ を $n = 1$（一次）から $n = 20$（20 次）まで求めると，**表 4.1** のようになる。ここで，式 (4.38) の根以外はニュートン法などによって数値的に求めなければならないが，次数が高くなるとすべての場合で間隔が π になる点が興味深い。また，両端自由と両端固定の固有振動数は同じとなる点も興味深い。

表 4.1　梁の境界条件と固有値 $\alpha_n \ell$

次数 n	両端自由 両端固定 式 (4.36)	両端単純支持 式 (4.38)	固定・自由 式 (4.39)	単純支持・固定 式 (4.40)
1	4.730 04	3.141 59	1.875 10	3.926 60
2	7.853 20	6.283 19	4.694 09	7.068 58
3	10.995 61	9.424 78	7.854 76	10.210 18
4	14.137 17	12.566 37	10.995 54	13.351 77
5	17.278 76	15.707 96	14.137 17	16.493 36
6	20.420 35	18.849 56	17.278 76	19.634 95
7	23.561 94	21.991 15	20.420 35	22.776 55
8	26.703 54	25.132 74	23.561 94	25.918 14
9	29.845 13	28.274 33	26.703 54	29.059 73
10	32.986 72	31.415 93	29.845 13	32.201 32
11	36.128 32	34.557 52	32.986 72	35.342 92
12	39.269 91	37.699 11	36.128 32	38.484 51
13	42.411 50	40.840 70	39.269 91	41.626 10
14	45.553 09	43.982 30	42.411 50	44.767 70
15	48.694 69	47.123 89	45.553 09	47.909 29
16	51.836 28	50.265 48	48.694 69	51.050 88
17	54.977 87	53.407 08	51.836 28	54.192 47
18	58.119 46	56.548 67	54.977 87	57.334 07
19	61.261 06	59.690 26	58.119 46	60.475 66
20	64.402 65	62.831 85	61.261 06	63.617 25

〔注〕　固有振動数 p_n の値は $p_n^2 = \dfrac{EI}{\rho A} \alpha_n^4$ の関係式から求められる。

4.4　対称な境界条件を有する梁の衝撃応答問題（切断法）

　荷重の負荷状態が梁の中央に関して対称な場合では，**切断法**と呼ばれる解析法が便利である。この節では，切断法による解析とその結果について記述する。

4.4.1　両端単純支持梁

〔1〕　**中央に集中衝撃荷重を受ける場合**　　図 **4.7**(a)のように，両端単純

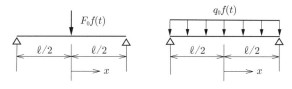

(a) 中央に作用する集中荷重 　　(b) 等分布荷重

図 4.7 衝撃荷重を受ける両端単純支持梁（切断法による解析）

支持梁の中央に集中荷重が作用する問題では，たわみの一般解としてつぎの式 (4.9) を用いることになる。

$$\overline{w} = c_1 \sin \alpha x + c_2 \cos \alpha x + c_3 \sinh \alpha x + c_4 \cosh \alpha x$$

この問題は梁の中央に関して対称であるため，梁の右半分を解析対象（切断法）とすればよい。座標 x の原点を梁の中央にとり，梁の中央では集中荷重 $F_0 f(t)$ の半分が外力になると考えるとともに，たわみ角が零であるという左右対称の条件を取り入れ，以下のような境界条件を設定すればよい。

(i) $x = 0$（中央）において

$$\frac{\partial w}{\partial x} = 0, \qquad Q = -EI\frac{\partial^3 w}{\partial x^3} = -\frac{1}{2}F_0 f(t) \tag{4.41}$$

(ii) $x = \ell/2$（単純支持端）において

$$w = 0, \qquad M = -EI\frac{\partial^2 w}{\partial x^2} = 0 \tag{4.42}$$

これをラプラス変換して未定係数を決めるとつぎのようになる。

$$c_1 = -c_3 = -\frac{F_0 \overline{f}(p)}{4EI\alpha^3},$$
$$c_2 = \frac{F_0 \overline{f}(p)}{4EI\alpha^3}\tan\frac{\alpha\ell}{2}, \qquad c_4 = -\frac{F_0 \overline{f}(p)}{4EI\alpha^3}\tanh\frac{\alpha\ell}{2}$$

したがって，$\overline{w}$ の解はつぎのようになる。

$$\overline{w} = \frac{F_0 \overline{f}(p)}{4EI\alpha^3}\left\{\frac{\sin\alpha\left(\dfrac{\ell}{2}-x\right)}{\cos\dfrac{\alpha\ell}{2}} - \frac{\sinh\alpha\left(\dfrac{\ell}{2}-x\right)}{\cosh\dfrac{\alpha\ell}{2}}\right\} \tag{4.43}$$

この式を，つぎのように二つの関数 $\overline{f}(p)$ および $\overline{g}(p)$ の積と考える。

$$\overline{w} = \overline{f}(p)\overline{g}(p) \tag{4.44}$$

ここで

$$\overline{g}(p) = \frac{F_0}{4EI}\frac{1}{\alpha^3}\left\{\frac{\sin\alpha\left(\dfrac{\ell}{2}-x\right)}{\cos\dfrac{\alpha\ell}{2}} - \frac{\sinh\alpha\left(\dfrac{\ell}{2}-x\right)}{\cosh\dfrac{\alpha\ell}{2}}\right\} \tag{4.45}$$

すると，$\overline{w}$ のラプラス逆変換は合成則によりつぎのように表される。

$$w = \int_0^t g(t-\tau)f(\tau)d\tau \tag{4.46}$$

ここで，$f(t)$ は与えられているので，式 (4.45) のラプラス逆変換を行えば，w の解が得られることになる。

式 (4.45) のラプラス逆変換は，p 平面の原点を除く虚軸上に存在する特異点の留数を計算することにより行える。特異点は $\cos(\alpha\ell/2) = 0$ の根，すなわち次式で定められる無数の点 $p = \pm ip_n$ となる。

$$\frac{\alpha_n\ell}{2} = \frac{2n-1}{2}\pi \qquad (n = 1, 2, 3, \ldots) \tag{4.47}$$

ここで

$$p_n^2 = \frac{EI}{\rho A}\alpha_n^4 = c^2 r^2 \alpha_n^4$$

である。

これらの特異点における留数の総和を求めることによりラプラス逆変換が可能となり，$g(t)$ の解が求められ以下のようになる。

$$g(t) = \frac{2F_0\ell^3}{EI}\sum_{n=1}^{\infty}\frac{(-1)^{n-1}p_n\sin\alpha_n\left(\dfrac{\ell}{2}-x\right)}{(\alpha_n\ell)^4}\sin p_n t \tag{4.48}$$

したがって，w の解は式 (4.46) によりつぎのようになる。

$$w = \frac{2F_0\ell^3}{EI} \sum_{n=1}^{\infty} \frac{(-1)^{n-1}p_n \sin\alpha_n \left(\dfrac{\ell}{2}-x\right)}{(\alpha_n\ell)^4} \int_0^t \sin p_n(t-\tau)\cdot f(\tau)d\tau$$

$$(4.49)$$

【考　察】

式 (4.45) の特異点 $p = \pm ip_n$ における留数を計算してみよう。

〈ヒント〉

8 章および付録 C を参照する。

留数計算において下記の極限を計算することになるが，ロピタルの定理により分母と分子を p で微分しなければならない。

$$\lim_{p\to\pm ip_n}\{p-(\pm ip_n)\}\,\overline{g}(p)e^{pt}$$

しかし，$\overline{g}(p)$ は見掛け上 α の関数となっているので，まず α で微分しその後に式 (4.6) における $p^2(\rho A/EI) = -\alpha^4$ を微分して得られる

$$\frac{d\alpha}{dp} = \frac{\alpha}{2p}$$

を利用して計算する必要がある。

具体的な例として，荷重がステップ関数状に作用する場合は $f(t) = H(t)$ となるので，式 (4.49) はつぎのようになる。

$$w = \frac{2F_0\ell^3}{EI} \sum_{n=1}^{\infty} \frac{(-1)^{n-1}\sin\alpha_n\left(\dfrac{\ell}{2}-x\right)}{(\alpha_n\ell)^4}(1-\cos p_n t) \qquad (4.50)$$

この式は，4.2 節における式 (4.24) と同等である。

【考　察】

①　荷重の作用位置が中央でない場合は，どのように解析すればよいか考えてみよう。

〈ヒント〉

梁の両端における合計四つの境界条件の他に，荷重の作用位置において四つの物理量（たわみ，たわみ角，曲げモーメント，せん断力）の連続条件を考慮しなければならない。

②　図のように，両端単純支持された梁の中央に剛体質点 M_0 が速度 V_0 で衝突

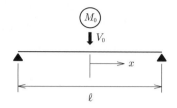

する問題について考えてみよう。ただし，衝突後の質点と梁は離れないものとする。

〈ヒント〉

Saint Venant の問題における質点の運動方程式のラプラス変換である式 (3.60) と，切断法による両端単純支持梁の中央に集中荷重が作用する場合のラプラス変換解である式 (4.43) において，$F_0 f(t) = F(t)$ すなわち $F_0 \overline{f}(p) = \overline{F}(p)$ とおいて衝突点で連成させて解を導く。

同様に棒が衝突した場合についても，3 章の理論解を活用すれば解を得ることができる。

〔**2**〕 **等分布衝撃荷重を受ける場合**　　図 4.7 (b) のような等分布荷重の問題では，つぎのような非同次項を含む一般解である式 (4.8) を用いて解析する。

$$\overline{w} = c_1 \sin \alpha x + c_2 \cos \alpha x + c_3 \sinh \alpha x + c_4 \cosh \alpha x - \frac{q_0 \overline{f}(p)}{\alpha^4 EI}$$

〔1〕の場合と同様に切断法によって解析するものとして，梁の右半分を対象とすれば，境界条件は以下のようになる。

（ i ）　$x = 0$（中央）において

$$\frac{\partial w}{\partial x} = 0, \qquad Q = -EI\frac{\partial^3 w}{\partial x^3} = 0 \tag{4.51}$$

（ ii ）　$x = \ell/2$（単純支持端）において

$$w = 0, \qquad M = -EI\frac{\partial^2 w}{\partial x^2} = 0 \tag{4.52}$$

この境界条件を用いてラプラス変換されたたわみ $\overline{w}$ の解を求めれば，以下のようになる。

$$\overline{w} = \frac{q_0 \overline{f}(p)}{2EI\alpha^4} \left(\frac{\cos \alpha x}{\cos \dfrac{\alpha\ell}{2}} + \frac{\cosh \alpha x}{\cosh \dfrac{\alpha\ell}{2}} - 2 \right) \tag{4.53}$$

これを前項と同様にラプラス逆変換すると，つぎのようになる。

$$w = \frac{4q_0\ell^4}{EI} \sum_{n=1}^{\infty} \frac{(-1)^{n-1}p_n \sin\alpha_n \left(\dfrac{\ell}{2} - x\right)}{(\alpha_n\ell)^5} \int_0^t \sin p_n(t-\tau) \cdot f(\tau)d\tau \tag{4.54}$$

荷重がステップ関数状に作用する場合は $f(t) = H(t)$ となるので，式 (4.50) はつぎのようになる。

$$w = \frac{4q_0\ell^4}{EI} \sum_{n=1}^{\infty} \frac{(-1)^{n-1}\sin\alpha_n \left(\dfrac{\ell}{2} - x\right)}{(\alpha_n\ell)^5}(1 - \cos p_n t) \tag{4.55}$$

この式は，4.2 節における式 (4.26) と同等である。

4.4.2 両端固定梁

〔1〕 中央に集中衝撃荷重を受ける場合　　図 4.8 (a) のように，梁の中央に集中荷重が作用する問題は左右対称であるから，図のように座標原点を梁の中央に定義し，右半分だけを対象とした切断法により解析することができる。

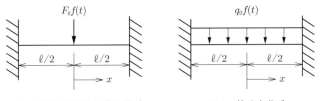

(a) 中央に作用する集中荷重　　　　　(b) 等分布荷重

図 4.8 衝撃荷重を受ける両端固定梁（切断法による解析）

この集中荷重の問題では，つぎのような非同次項を含めない一般解である式 (4.9) を用いることとする。

$$\overline{w} = c_1 \sin\alpha x + c_2 \cos\alpha x + c_3 \sinh\alpha x + c_4 \cosh\alpha x$$

梁の中央では集中荷重 $F_0 f(t)$ の半分が外力になると考えるとともに，たわみ角が零であるという左右対称の条件を考えれば，境界条件はつぎのようになる。

（ i ）　$x = 0$ において

$$\left.\begin{array}{l} Q = -EI\dfrac{\partial^3 w}{\partial x^3} = -\dfrac{1}{2}F_0 f(t) \\[2mm] \dfrac{\partial w}{\partial x} = 0 \end{array}\right\} \tag{4.56}$$

（ ii ）　$x = \ell/2$ において

$$w = \frac{\partial w}{\partial x} = 0 \tag{4.57}$$

これらをラプラス変換し，一般解を代入すれば，係数 $c_1, \ldots, c_4$ を決定する方程式が得られ，つぎのようになる。

$$\begin{bmatrix} -1 & 0 & 1 & 0 \\[1mm] 1 & 0 & 1 & 0 \\[1mm] \sin\dfrac{\alpha\ell}{2} & \cos\dfrac{\alpha\ell}{2} & \sinh\dfrac{\alpha\ell}{2} & \cosh\dfrac{\alpha\ell}{2} \\[2mm] \cos\dfrac{\alpha\ell}{2} & -\sin\dfrac{\alpha\ell}{2} & \cosh\dfrac{\alpha\ell}{2} & \sinh\dfrac{\alpha\ell}{2} \end{bmatrix} \begin{bmatrix} c_1 \\[1mm] c_2 \\[1mm] c_3 \\[1mm] c_4 \end{bmatrix} = \frac{F_o\overline{f}(p)}{2\alpha^3 EI} \begin{bmatrix} 1 \\[1mm] 0 \\[1mm] 0 \\[1mm] 0 \end{bmatrix} \tag{4.58}$$

これを解けばつぎのようになる。

$$c_1 = -c_3 = -\frac{F_0\overline{f}(p)}{4\alpha^3 EI},$$

$$c_2, c_4 = \frac{F_0\overline{f}(p)}{4\alpha^3 EI}\frac{1 \pm \sin\dfrac{\alpha\ell}{2}\sinh\dfrac{\alpha\ell}{2} - \cos\dfrac{\alpha\ell}{2}\cosh\dfrac{\alpha\ell}{2}}{\sin\dfrac{\alpha\ell}{2}\cosh\dfrac{\alpha\ell}{2} + \cos\dfrac{\alpha\ell}{2}\sinh\dfrac{\alpha\ell}{2}}$$

したがって，ラプラス変換されたたわみ $\overline{w}$ の解はつぎのようになる。

$$\overline{w} = \frac{F_0\overline{f}(p)}{4\alpha^3 EI}\left[\sinh\alpha x - \sin\alpha x + \left\{\left(1 + \sin\frac{\alpha\ell}{2}\sinh\frac{\alpha\ell}{2} - \cos\frac{\alpha\ell}{2}\cosh\frac{\alpha\ell}{2}\right)\cos\alpha x \right.\right.$$
$$\left.\left. + \left(1 - \sin\frac{\alpha\ell}{2}\sinh\frac{\alpha\ell}{2} - \cos\frac{\alpha\ell}{2}\cosh\frac{\alpha\ell}{2}\right)\cosh\alpha x\right\}\middle/ D\left(\frac{\alpha\ell}{2}\right)\right] \tag{4.59}$$

ここで

$$D\left(\frac{\alpha\ell}{2}\right) = \sin\frac{\alpha\ell}{2}\cosh\frac{\alpha\ell}{2} + \cos\frac{\alpha\ell}{2}\sinh\frac{\alpha\ell}{2} \tag{4.60}$$

である。

【考　察】
式 (4.59) が間違っていないか検算してみよう。
〈ヒント〉
式 (4.59) が境界条件式を満足しているかを確かめる。

　式 (4.59) のラプラス逆変換は，ラプラス変換パラメータ p に関する複素平面の虚軸上だけに存在する特異点 $p = \pm ip_n$（$n = 1, 2, 3, \ldots$）における留数の総和を計算することにより，行うことができる。

　この特異点は，式 (4.60) により定義される関数が零となる値，すなわち方程式 $D(\alpha\ell/2) = 0$ の根として与えられる。この根を値の小さい順に $\alpha_n\ell/2$（$n = 1, 2, 3, \ldots$）とおくことにすれば，p_n と α_n との関係は式 (4.6) の定義から次式のようになる。

$$p_n^2 = \frac{EI}{\rho A}\alpha_n^4 = c^2 r^2 \alpha_n^4 \tag{4.61}$$

ここでは，留数計算を行った結果だけを示せば以下のようになる。

$$w = \frac{F_0}{EI\ell}\sum_{n=1}^{\infty} \frac{p_n E_n(\alpha_n x)}{\alpha_n^4 \cos\dfrac{\alpha_n\ell}{2}\cosh\dfrac{\alpha_n\ell}{2}}\int_0^t \sin p_n(t-\tau)\cdot f(\tau)d\tau \tag{4.62}$$

ここで

$$\begin{aligned}
E_n(\alpha_n x) = &-\left(1 + \sin\frac{\alpha_n\ell}{2}\sinh\frac{\alpha_n\ell}{2} - \cos\frac{\alpha_n\ell}{2}\cosh\frac{\alpha_n\ell}{2}\right)\cos\alpha_n x \\
&-\left(1 - \sin\frac{\alpha_n\ell}{2}\sinh\frac{\alpha_n\ell}{2} - \cos\frac{\alpha_n\ell}{2}\cosh\frac{\alpha_n\ell}{2}\right)\cosh\alpha_n x
\end{aligned}$$

ただし，α_n（$0 < \alpha_1 < \alpha_2 < \alpha_3 < \cdots$）は $D(\alpha\ell/2) = 0$，すなわち

$$\sin\frac{\alpha\ell}{2}\cosh\frac{\alpha\ell}{2} + \cos\frac{\alpha\ell}{2}\sinh\frac{\alpha\ell}{2} = 0 \tag{4.63}$$

の根であるが，解析的には求められず数値でしか与えられない。この方程式はつぎのように書くこともできる。

$$\tan\frac{\alpha\ell}{2} + \tanh\frac{\alpha\ell}{2} = 0 \tag{4.64}$$

表 **4.2** は，この根 $\alpha_n\ell/2$ $(n=1,2,3,\ldots)$ をニュートン法により $n=20$ までの値を求めた結果である。これらの値を 2 倍すると表 4.1 の奇数次の値と一致している。

表 **4.2** 両端固定梁の固有値 $\alpha_n\ell/2$（式 (4.60) の根）

次数 n	固有値	次数 n	固有値
1	2.365 02	11	33.772 12
2	5.497 80	12	36.913 71
3	8.639 38	13	40.055 31
4	11.780 97	14	43.196 90
5	14.922 57	15	46.338 49
6	18.064 16	16	49.480 08
7	21.205 75	17	52.621 68
8	24.347 34	18	55.763 27
9	27.488 94	19	58.904 86
10	30.630 53	20	62.046 45

【考　察】
n が大きくなると $\alpha_n\ell \approx 2n\pi - \pi/2$ となる。なぜか考えてみよう。

具体的な例として，荷重がステップ関数状に作用する場合は，$f(\tau) = H(\tau)$ とおいて式 (4.62) を積分すればたわみの解が得られ，さらに式 (4.1) により曲げモーメントの解も得られ，それぞれつぎのようになる。

$$w = \frac{F_0}{EI\ell} \sum_{n=1}^{\infty} \frac{E_n(\alpha_n x)}{\alpha_n^4 \cos \dfrac{\alpha_n\ell}{2} \cosh \dfrac{\alpha_n\ell}{2}} (1 - \cos p_n t),$$

$$M = \frac{F_0}{\ell} \sum_{n=1}^{\infty} \frac{F_n(\alpha_n x)}{\alpha_n^2 \cos \dfrac{\alpha_n\ell}{2} \cosh \dfrac{\alpha_n\ell}{2}} (1 - \cos p_n t) \tag{4.65}$$

ここで

$$p_n = cr\alpha_n^2,$$

$$E_n(\alpha_n x) = -\left(1 + \sin \frac{\alpha_n\ell}{2} \sinh \frac{\alpha_n\ell}{2} - \cos \frac{\alpha_n\ell}{2} \cosh \frac{\alpha_n\ell}{2}\right) \cos \alpha_n x$$

$$
-\left(1 - \sin\frac{\alpha_n\ell}{2}\sinh\frac{\alpha_n\ell}{2} - \cos\frac{\alpha_n\ell}{2}\cosh\frac{\alpha_n\ell}{2}\right)\cosh\alpha_n x,
$$

$$
F_n(\alpha_n x) = -\left(1 + \sin\frac{\alpha_n\ell}{2}\sinh\frac{\alpha_n\ell}{2} - \cos\frac{\alpha_n\ell}{2}\cosh\frac{\alpha_n\ell}{2}\right)\cos\alpha_n x
$$

$$
+\left(1 - \sin\frac{\alpha_n\ell}{2}\sinh\frac{\alpha_n\ell}{2} - \cos\frac{\alpha_n\ell}{2}\cosh\frac{\alpha_n\ell}{2}\right)\cosh\alpha_n x
$$

である。

〔**2**〕 **等分布衝撃荷重を受ける場合**　図 4.8（b）のように，等分布衝撃荷重が作用する問題も，荷重は梁の中央に関して対象なので同じく切断法を用いることができる。この場合は，ラプラス変換されたたわみ $\overline{w}$ の一般解は非同次項を含む式 (4.8) を用いることになるが，$\overline{q}(x,p)$ は x によらず一定なので，$q_0\overline{f}(p)$ となる。

$$
\overline{w} = c_1\sin\alpha x + c_2\cos\alpha x + c_3\sinh\alpha x + c_4\cosh\alpha x - \frac{q_0\overline{f}(p)}{\alpha^4 EI} \quad (4.66)
$$

この場合の境界条件は以下のようになる。

（ i ）　$x = 0$（中央）において

$$
\left.\begin{array}{l}
Q = -EI\dfrac{\partial^3 w}{\partial x^3} = 0 \\[2mm]
\dfrac{\partial w}{\partial x} = 0
\end{array}\right\} \quad (4.67)
$$

（ ii ）　$x = \ell/2$（固定端）において

$$
w = \frac{\partial w}{\partial x} = 0 \quad (4.68)
$$

これらをラプラス変換して未定係数を決めれば，$\overline{w}$ の解はつぎのようになる。

$$
\overline{w} = \frac{q_0\overline{f}(p)}{\alpha^4 EI}\left\{\left(\sinh\frac{\alpha\ell}{2}\cos\alpha x + \sin\frac{\alpha\ell}{2}\cosh\alpha x\right)\Big/ D\left(\frac{\alpha\ell}{2}\right) - 1\right\}
$$

$$
(4.69)
$$

ここで，$D(\alpha\ell/2)$ は式 (4.60) と同じである。

　この式のラプラス逆変換は，前項の問題と同様に，p の複素平面上にある虚軸上の特異点における留数を計算することにより，行うことができる。特異点

は分母を零とする方程式，すなわち前項の式 (4.60) により与えられるので，前項の問題と同じ値となる。すなわち境界条件が同じであれば特異点（固有振動数）は同じ方程式によって与えられる。

ここでは，ラプラス逆変換を行った最終的なたわみ w の解だけを示せば，以下のようになる。

$$
w = -\frac{4q_0}{EI\ell} \sum_{n=1}^{\infty} \frac{p_n \left(\sinh \dfrac{\alpha_n\ell}{2} \cos \alpha_n x + \sin \dfrac{\alpha_n\ell}{2} \cosh \alpha_n x \right)}{\alpha_n^5 \cos \dfrac{\alpha_n\ell}{2} \cosh \dfrac{\alpha_n\ell}{2}}
$$
$$
\times \int_0^t \sin p_n(t-\tau) \cdot f(\tau) d\tau \tag{4.70}
$$

具体的な例として，荷重がステップ関数状に作用する場合は，$f(\tau) = H(\tau)$ とおいて式 (4.70) を積分すればたわみの解が得られ，さらに式 (4.1) により曲げモーメントの解も得られ，それぞれつぎのようになる。

$$
w = -\frac{4q_0}{EI\ell} \sum_{n=1}^{\infty} \frac{\sinh \dfrac{\alpha_n\ell}{2} \cos \alpha_n x + \sin \dfrac{\alpha_n\ell}{2} \cosh \alpha_n x}{\alpha_n^5 \cos \dfrac{\alpha_n\ell}{2} \cosh \dfrac{\alpha_n\ell}{2}} (1 - \cos p_n t),
$$
$$
M = -\frac{4q_0}{\ell} \sum_{n=1}^{\infty} \frac{\sinh \dfrac{\alpha_n\ell}{2} \cos \alpha_n x - \sin \dfrac{\alpha_n\ell}{2} \cosh \alpha_n x}{\alpha_n^3 \cos \dfrac{\alpha_n\ell}{2} \cosh \dfrac{\alpha_n\ell}{2}} (1 - \cos p_n t)
$$
$$
\tag{4.71}
$$

4.4.3 数 値 計 算 例

4.4.1 項の両端単純支持梁については，4.2 節において数値計算例を示したので，ここでは 4.4.2 項の両端固定梁について数値計算例を示すことにする。4.2 節と同様に，数値計算にあたっては，結果になるべく汎用性をもたせるように式を無次元化しておくのが望ましい。

〔**1**〕 **両端固定梁の中央にステップ関数状集中荷重が作用する場合**　梁の中央におけるたわみ w と曲げモーメント M の数値計算をしてみる。そのために，式 (4.65) で $x = 0$ を代入すればつぎのようになる。

$$\frac{EI}{F_0\ell^3}(w)_{x=0} = -2\sum_{n=1}^{\infty} \frac{1 - \cos\dfrac{\alpha_n\ell}{2}\cosh\dfrac{\alpha_n\ell}{2}}{(\alpha_n\ell)^4 \cos\dfrac{\alpha_n\ell}{2}\cosh\dfrac{\alpha_n\ell}{2}}(1 - \cos\omega_n\tau),$$

$$\frac{1}{F_0\ell}(M)_{x=0} = -2\sum_{n=1}^{\infty} \frac{\sin\dfrac{\alpha_n\ell}{2}\sinh\dfrac{\alpha_n\ell}{2}}{(\alpha_n\ell)^2 \cos\dfrac{\alpha_n\ell}{2}\cosh\dfrac{\alpha_n\ell}{2}}(1 - \cos\omega_n\tau) \quad (4.72)$$

ここで

$$\omega_n = (\alpha_n\ell)^2, \qquad \tau = \frac{cr}{\ell^2}t, \qquad r = \sqrt{\frac{I}{A}}$$

また，$\alpha_n\ell/2$ の値は，$\tan\alpha\ell/2 + \tanh\alpha\ell/2 = 0$ の根であり，表 4.2 に示すとおりである。この場合のたわみおよび曲げモーメントそれぞれの静的結果，w_{static} および M_{static} はつぎの式で与えられる。

$$\frac{EI}{F_0\ell^3}w_{static} = \frac{1}{192}\left(\frac{16x^3}{\ell^3} - \frac{12x^2}{\ell^2} + 1\right), \qquad \frac{M_{static}}{F_0\ell} = -\frac{1}{8}\left(\frac{4x}{\ell} - 1\right)$$
$$(4.73)$$

この式から梁の中央（$x = 0$）におけるたわみと曲げモーメントの値を計算すると，つぎのようになる。

$$\frac{EI}{F_0\ell^3}(w_{static})_{x=0} = \frac{1}{192} \fallingdotseq 0.005\,21, \qquad \frac{(M_{static})_{x=0}}{F_0\ell} = \frac{1}{8}$$

式 (4.72) によって数値計算を行ったものが，**図 4.9** および**図 4.10** である。いずれも上で求めた静的結果の値（図中の一点鎖線）を中心に変動しているのがわかる。

〔**2**〕 **両端固定梁にステップ関数状等分布荷重が作用する場合** この場合も同様に，梁の中央におけるたわみ w と曲げモーメント M の数値計算をしてみる。そのために式 (4.71) で $x = 0$ を代入すればつぎのようになる。

$$\frac{EI}{q_0\ell^4}(w)_{x=0} = -4\sum_{n=1}^{\infty} \frac{\sin\dfrac{\alpha_n\ell}{2} + \sinh\dfrac{\alpha_n\ell}{2}}{(\alpha_n\ell)^5 \cos\dfrac{\alpha_n\ell}{2}\cosh\dfrac{\alpha_n\ell}{2}}(1 - \cos\omega_n\tau),$$

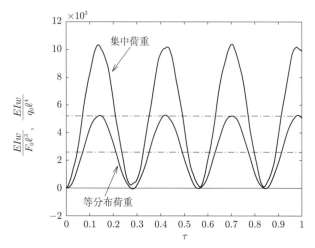

図 4.9　ステップ状衝撃荷重を受ける両端固定梁のたわみ

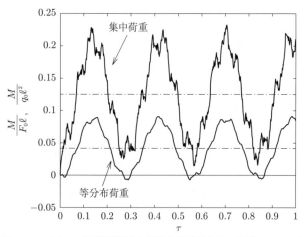

図 4.10　ステップ状衝撃荷重を受ける両端固定梁の曲げモーメント

$$\frac{1}{q_0\ell^2}(M)_{x=0} = -4\sum_{n=1}^{\infty} \frac{-\sin\dfrac{\alpha_n\ell}{2} + \sinh\dfrac{\alpha_n\ell}{2}}{(\alpha_n\ell)^3\cos\dfrac{\alpha_n\ell}{2}\cosh\dfrac{\alpha_n\ell}{2}}(1-\cos\omega_n\tau) \quad (4.74)$$

ここで

$$\omega_n = (\alpha_n\ell)^2, \qquad \tau = \frac{cr}{\ell^2}t, \qquad r = \sqrt{\frac{I}{A}}$$

である。

また，$\alpha_n\ell/2$ の値は，$\tan\alpha\ell/2 + \tanh\alpha\ell/2 = 0$ の根であり，表 4.2 に示すとおりである。この場合のたわみおよび曲げモーメントそれぞれの静的結果，w_{static} および M_{static} はつぎの式で与えられる。

$$\frac{EI}{q_0\ell^4}w_{static} = \frac{1}{384}\left(\frac{16x^4}{\ell^4} - \frac{8x^2}{\ell^2} + 1\right), \quad \frac{M_{static}}{q_0\ell^2} = -\frac{1}{24}\left(\frac{12x^2}{\ell^2} - 1\right)$$

$$(4.75)$$

この式から梁の中央（$x = 0$）におけるたわみと曲げモーメントの値を計算すると，つぎのようになる。

$$\frac{EI}{q_0\ell^4}(w_{static})_{x=0} = \frac{1}{384} \fallingdotseq 0.002\,60, \quad \frac{(M_{static})_{x=0}}{q_0\ell^2} = \frac{1}{24} \fallingdotseq 0.041\,7$$

式 (4.74) によって数値計算を行ったものが，図 4.9 および図 4.10 であり，いずれも上で求めた静的結果の値を中心に変動しているのがわかる。

4.5　片持梁の衝撃応答問題

ここでは，図 4.11 に示すような衝撃荷重を受ける片持梁について考える。

4.5.1　先端に集中荷重を受ける場合

図 4.11 (a) のように，片持梁の自由端に衝撃荷重 $F_0 f(t)$ が作用する場合には，ラプラス変換されたたわみ $\overline{w}$ の解として式 (4.9) を用いればよく，境界条

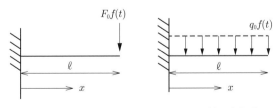

（ a ）　先端に作用する集中荷重　　　（ b ）　等分布荷重

図 4.11　衝撃荷重を受ける片持梁

件はつぎのようになる。

(i) $x = 0$ において

$$w = \frac{\partial w}{\partial x} = 0 \tag{4.76}$$

(ii) $x = \ell$ において

$$M = -EI\frac{\partial^2 w}{\partial x^2} = 0, \qquad Q = -EI\frac{\partial^3 w}{\partial x^3} = F_0 f(t) \tag{4.77}$$

これらの式をラプラス変換すれば

(I) $x = 0$ において

$$\overline{w} = \frac{d\overline{w}}{dx} = 0 \tag{4.78}$$

(II) $x = \ell$ において

$$\frac{d^2\overline{w}}{dx^2} = 0, \qquad \frac{d^3\overline{w}}{dx^3} = -\frac{F_0\overline{f}(p)}{EI} \tag{4.79}$$

となり，これに式 (4.9) を代入すれば，つぎのような係数 $c_1, \ldots, c_4$ に関する代数方程式が得られる。

$$\begin{bmatrix} 0 & 1 & 0 & 1 \\ 1 & 0 & 1 & 0 \\ -\sin\alpha\ell & -\cos\alpha\ell & \sinh\alpha\ell & \cosh\alpha\ell \\ -\cos\alpha\ell & \sin\alpha\ell & \cosh\alpha\ell & \sinh\alpha\ell \end{bmatrix} \begin{bmatrix} c_1 \\ c_2 \\ c_3 \\ c_4 \end{bmatrix} = -\frac{F_0\overline{f}(p)}{\alpha^3 EI} \begin{bmatrix} 0 \\ 0 \\ 0 \\ 1 \end{bmatrix} \tag{4.80}$$

これを解けばつぎのようになる。

$$\left. \begin{aligned} c_1 = -c_3 &= \frac{F_0\overline{f}(p)}{2\alpha^3 EI}\frac{\cosh\alpha\ell + \cos\alpha\ell}{1 + \cosh\alpha\ell\cos\alpha\ell} \\ c_2 = -c_4 &= -\frac{F_0\overline{f}(p)}{2\alpha^3 EI}\frac{\sinh\alpha\ell + \sin\alpha\ell}{1 + \cosh\alpha\ell\cos\alpha\ell} \end{aligned} \right\}$$

したがって，ラプラス変換されたたわみ $\overline{w}$ の解はつぎのようになる。

$$\overline{w} = \frac{F_0\overline{f}(p)}{2\alpha^3 EI}\{(\cosh\alpha\ell + \cos\alpha\ell)(\sin\alpha x - \sinh\alpha x)$$

$$- (\sinh \alpha\ell + \sin \alpha\ell)(\cos \alpha x - \cosh \alpha x)\}/(1 + \cosh \alpha\ell \cos \alpha\ell)$$

$$(4.81)$$

　この式のラプラス逆変換は，変換パラメータ p に関する複素平面の原点を除いた虚軸上だけに存在する極における留数の総和を計算することにより行うことができ，つぎのようになる。

$$w = \frac{2F_0}{EI\ell} \sum_{n=1}^{\infty} \frac{p_n E_n(\alpha_n x)}{\alpha_n^4 D_n(\alpha_n \ell)} \int_0^t \sin p_n(t - \tau) \cdot f(\tau) d\tau \qquad (4.82)$$

ここで

$$D_n(\alpha_n \ell) = \sinh \alpha_n \ell \cos \alpha_n \ell - \cosh \alpha_n \ell \sin \alpha_n \ell,$$

$$E_n(\alpha_n x) = (\sinh \alpha_n \ell + \sin \alpha_n \ell)(\cos \alpha_n x - \cosh \alpha_n x)$$

$$- (\cosh \alpha_n \ell + \cos \alpha_n \ell)(\sin \alpha_n x - \sinh \alpha_n x)$$

ただし，$\alpha_n^4 = (\rho A/EI) p_n^2$ であり，α_n $(0 < \alpha_1 < \alpha_2 < \alpha_3 < \cdots)$ は次式の根である。

$$1 + \cosh \alpha_n \ell \cos \alpha_n \ell = 0 \qquad (4.83)$$

この式の根は表 4.1 のとおりとなる。

　荷重がステップ関数状に作用する場合は $f(t) = H(t)$ となるので，式 (4.82) はつぎのようになる。

$$w = \frac{2F_0}{EI\ell} \sum_{n=1}^{\infty} \frac{E_n(\alpha_n x)}{\alpha_n^4 D_n(\alpha_n \ell)} (1 - \cos p_n t) \qquad (4.84)$$

また，曲げモーメントの解は，式 (4.1) を用いてつぎのようになる。

$$M = \frac{2F_0}{\ell} \sum_{n=1}^{\infty} \frac{F_n(\alpha_n x)}{\alpha_n^2 D_n(\alpha_n \ell)} (1 - \cos p_n t) \qquad (4.85)$$

ここで

$$F_n(\alpha_n x) = (\sinh \alpha_n \ell + \sin \alpha_n \ell)(\cos \alpha_n x + \cosh \alpha_n x)$$

$$- (\cosh \alpha_n \ell + \cos \alpha_n \ell)(\sin \alpha_n x + \sinh \alpha_n x)$$

である。

4.5.2 等分布衝撃荷重を受ける場合

図 4.11 (b) のように，片持梁に等分布荷重が作用する場合には，ラプラス変換されたたわみ w の解として，つぎのような式 (4.8) の解を用いる。

$$\overline{w} = c_1 \sin \alpha x + c_2 \cos \alpha x + c_3 \sinh \alpha x + c_4 \cosh \alpha x - \frac{q_0 \overline{f}(p)}{\alpha^4 EI}$$

ただし，$q(x,t) = q_0 f(t)$ であり，境界条件式のラプラス変換形は，式 (4.78) および式 (4.79) を参照すればつぎのようになる。

(i) $x = 0$ において

$$\overline{w} = \frac{d\overline{w}}{dx} = 0 \tag{4.86}$$

(ii) $x = \ell$ において

$$\frac{d^2\overline{w}}{dx^2} = \frac{d^3\overline{w}}{dx^3} = 0 \tag{4.87}$$

これに式 (4.8) を代入すれば，係数 $c_1, \dots, c_4$ に関するつぎのような代数方程式が得られる。

$$\begin{bmatrix} 0 & 1 & 0 & 1 \\ 1 & 0 & 1 & 0 \\ -\sin\alpha\ell & -\cos\alpha\ell & \sinh\alpha\ell & \cosh\alpha\ell \\ -\cos\alpha\ell & \sin\alpha\ell & \cosh\alpha & \sinh\alpha\ell \end{bmatrix} \begin{bmatrix} c_1 \\ c_2 \\ c_3 \\ c_4 \end{bmatrix} = \frac{q_0\overline{f}(p)}{\alpha^4 EI} \begin{bmatrix} 1 \\ 0 \\ 0 \\ 0 \end{bmatrix} \tag{4.88}$$

これを解けば，つぎのようになる。

$$c_1, c_3 = \pm \frac{q_0\overline{f}(p)}{2EI\alpha^4} \frac{\cosh\alpha\ell \sin\alpha\ell + \sinh\alpha\ell \cos\alpha\ell}{1 + \cosh\alpha\ell \cos\alpha\ell}$$

$$c_2, c_4 = \frac{q_0\overline{f}(p)}{2EI\alpha^4} \frac{1 + \cosh\alpha\ell \cos\alpha\ell \mp \sinh\alpha\ell \sin\alpha\ell}{1 + \cosh\alpha\ell \cos\alpha\ell}$$

これで，ラプラス変換されたたわみ $\overline{w}$ の解が求められたことになり，前項と同様にしてラプラス逆変換を行えば，つぎのような解が得られる。

$$w = \frac{2q_0}{EI\ell} \sum_{n=1}^{\infty} \frac{p_n E_n(\alpha_n x)}{\alpha_n^5 D_n(\alpha_n\ell)} \int_0^t \sin p_n(t-\tau) \cdot f(\tau) d\tau \tag{4.89}$$

ここで

$$D_n(\alpha_n\ell) = \sinh\alpha_n\ell\cos\alpha_n\ell - \cosh\alpha_n\ell\sin\alpha_n\ell,$$

$$E_n(\alpha_n x) = \sinh\alpha_n\ell\sin\alpha_n\ell(\cos\alpha_n x - \cosh\alpha_n x)$$
$$- (\cosh\alpha_n\ell\sin\alpha_n\ell + \sinh\alpha_n\ell\cos\alpha_n\ell)(\sin\alpha_n x - \sinh\alpha_n x)$$

ただし，$\alpha_n^4 = (\rho A/EI)\,p_n^2$ であり，$\alpha_n\ (0 < \alpha_1 < \alpha_2 < \alpha_3 < \cdots)$ は次式の根であり，集中荷重の場合と同じである。

$$1 + \cosh\alpha_n\ell\cos\alpha_n\ell = 0$$

荷重がステップ関数状に作用する場合は $f(t) = H(t)$ となるので，式 (4.89) はつぎのようになる。

$$w = \frac{2q_0}{EI\ell}\sum_{n=1}^{\infty}\frac{E_n(\alpha_n x)}{\alpha_n^5 D_n(\alpha_n\ell)}(1 - \cos p_n t) \tag{4.90}$$

また，曲げモーメントの解は式 (4.1) 用いて得られ，つぎのようになる。

$$M = \frac{2q_0}{\ell}\sum_{n=1}^{\infty}\frac{F_n(\alpha_n x)}{\alpha_n^3 D_n(\alpha_n\ell)}(1 - \cos p_n t) \tag{4.91}$$

ここで

$$F_n(\alpha_n x) = \sinh\alpha_n\ell\sin\alpha_n\ell(\cos\alpha_n x + \cosh\alpha_n x)$$
$$- (\cosh\alpha_n\ell\sin\alpha_n\ell + \sinh\alpha_n\ell\cos\alpha_n\ell)(\sin\alpha_n x + \sinh\alpha_n x)$$

4.5.3　数　値　計　算　例

前項で得られた解析結果に基づいて，荷重がステップ関数状に作用する場合について数値計算を行ってみよう。まず，たわみと曲げモーメントの式はつぎのようになる。

〔**1**〕　**集中荷重の場合**　　4.2 節と同様に，数値計算にあたっては，結果になるべく汎用性をもたせるように，式をつぎのように無次元化しておく。

梁の先端 $(x = \ell)$ におけるたわみと梁の固定部 $(x = 0)$ における曲げモーメントの式を，式 (4.84) および式 (4.85) から求めるとつぎのようになる。

$$
\frac{EI}{F_0\ell^3}(w)_{x=\ell} = 4\sum_{n=1}^{\infty} \frac{1}{(\alpha_n\ell)^4}(1 - \cos\omega_n\tau),
$$

$$
\frac{(M)_{x=0}}{F_0\ell} = 4\sum_{n=1}^{\infty} \frac{(\sinh\alpha_n\ell + \sin\alpha_n\ell)\,(1 - \cos\omega_n\tau)}{(\alpha_n\ell)^2\,(\sinh\alpha_n\ell\cos\alpha_n\ell - \cosh\alpha_n\ell\sin\alpha_n\ell)} \quad (4.92)
$$

ここで，$\alpha_n\ell$ の値は表 4.1 に示すとおりであり，$\omega_n = (\alpha_n\ell)^2$，$\tau = (cr/\ell^2)t$ である。

荷重がステップ関数状に作用する場合の応答は，荷重が静的に作用した場合の結果を中心に変動することが知られている。この場合のたわみおよび曲げモーメント静的結果，それぞれ w_{static} および M_{static} はつぎの式で与えられる。

$$
\frac{EI}{F_0\ell^3}w_{static} = \frac{x^2}{2\ell^2} - \frac{x^3}{6\ell^3}, \qquad \frac{M_{static}}{F_0\ell} = -\left(1 - \frac{x}{\ell}\right) \quad (4.93)
$$

この式から，梁の先端 $(x = \ell)$ におけるたわみと固定部 $(x = 0)$ における曲げモーメントの値を計算すると，つぎのようになる。

$$
\frac{EI}{F_0\ell^3}(w_{static})_{x=\ell} = \frac{1}{3}, \qquad \frac{(M_{static})_{x=0}}{F_0\ell} = -1
$$

式 (4.88) により数値計算を行ったのが，図 **4.12** および図 **4.13** であり，いずれも先に計算した静的結果の値を中心に変動しているのがわかる。

〔2〕 **分布荷重の場合** 4.2 節と同様に，数値計算にあたっては，結果になるべく汎用性をもたせるように，式を無次元化しておくことが望ましい。

梁の先端 $(x = \ell)$ におけるたわみおよび固定部 $(x = 0)$ における曲げモーメントの式を，式 (4.90) および式 (4.91) からそれぞれ求めると，つぎのようになる。

$$
\frac{EI}{q_0\ell^4}(w)_{x=\ell} = 2\sum_{n=1}^{\infty} \frac{\cos\alpha_n\ell\sinh^2\alpha_n\ell - \sin^2\alpha_n\ell\cosh\alpha_n\ell}{(\alpha_n\ell)^5\,(\sinh\alpha_n\ell\cos\alpha_n\ell - \cosh\alpha_n\ell\sin\alpha_n)}(1 - \cos\omega_n\tau),
$$

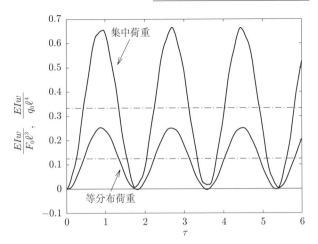

図 4.12 ステップ状荷重を受ける片持梁先端のたわみ

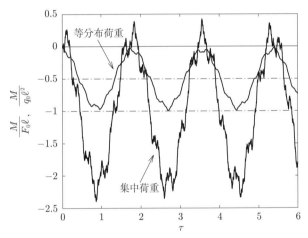

図 4.13 ステップ状荷重を受ける片持梁固定部の曲げモーメント

$$\frac{(M)_{x=0}}{q_0\ell^2} = 4\sum_{n=1}^{\infty} \frac{\sin\alpha_n\ell\sinh\alpha_n\ell}{(\alpha_n\ell)^3(\sinh\alpha_n\ell\cos\alpha_n\ell - \cosh\alpha_n\ell\sin\alpha_n)}(1-\cos\omega_n\tau)$$

(4.94)

ここで，$\alpha_n\ell$ の値は前項と同様に $\cos\alpha\ell\cosh\alpha\ell - 1 = 0$ の根であり，表 4.1 に示すとおりである．また，$\omega_n = (\alpha_n\ell)^2$，$\tau = crt/\ell^2$ である．ただし，$(w)_{x=\ell}$

の式は分子が非常に大きな値になる項があるので，数値計算が困難になる恐れがある。そこで，$\cos\alpha_n\ell\cosh\alpha_n\ell - 1 = 0$ の関係を用いて，つぎのように変形させて数値計算を行う必要がある。

$$\frac{EI}{q_0\ell^4}(w)_{x=\ell} = -4\sum_{n=1}^{\infty}\frac{(\cos\alpha_n\ell + \cosh\alpha_n\ell)(1 - \cos\omega_n\tau)}{(\alpha_n\ell)^5(\sinh\alpha_n\ell\cos\alpha_n\ell - \cosh\alpha_n\ell\sin\alpha_n)}$$

$$(4.95)$$

荷重がステップ関数状に作用する場合の応答は，荷重が静的に作用した場合の結果を中心に変動することが知られている。この場合のたわみおよび曲げモーメントそれぞれの静的結果，w_{static} および M_{static} はつぎの式で与えられる。

$$\frac{EI}{q_0\ell^4}w_{static} = \frac{1}{24}\left(\frac{x^4}{\ell^4} - 4\frac{x^3}{\ell^3} + 6\frac{x^2}{\ell^2}\right),\qquad \frac{M_{static}}{q_0\ell^2} = -\frac{1}{2}\left(1 - \frac{x}{\ell}\right)^2$$

$$(4.96)$$

この式から梁の先端（$x = \ell$）におけるたわみと固定部（$x = 0$）における曲げモーメントの値を計算すると，つぎのようになる。

$$\frac{EI}{q_0\ell^4}(w_{static})_{x=\ell} = \frac{1}{8},\qquad \frac{(M_{static})_{x=0}}{q_0\ell^2} = -\frac{1}{2}$$

図 4.12 および図 4.13 は，たわみと曲げモーメントの時間応答を数値計算したもので，いずれも静的結果を中心に変動しているのがわかる。

4.6 荷重がさまざまな時間変化をする場合の応答

4.6.1 時間応答関数の計算

前節まで，さまざまな荷重条件や境界条件の梁についてラプラス変換を用いて解析を行ってきたが，例えば，たわみの解はいずれの場合もつぎのような形式となっている。

$$w(x,t) = \frac{F_0\ell^3}{EI}\sum_{n=1}^{\infty}\frac{E_n(\alpha_n x)}{D_n(\alpha_n\ell)}\int_0^t p_n\sin p_n(t-\tau)\cdot f(\tau)d\tau \qquad (4.97)$$

ここで，F_0 は集中荷重の大きさ，$f(t)$ はその時間変化を表している。そこで，式 (4.97) の時間に関係する部分を

$$G_n(t) = \int_0^t p_n \sin p_n(t - \tau) \cdot f(\tau)d\tau \tag{4.98}$$

と表して，さまざまな時間変化 $f(t)$ に対する $G_n(t)$ がどのようになるかを考える。例えば，荷重がステップ関数状に働く場合は

$$f(t) = H(t)$$

とおくことができるので，式 (4.98) の積分はつぎのようになる。

$$G_n(t) = \int_0^t p_n \sin p_n(t - \tau) \cdot H(\tau)d\tau = [\cos p_n(t - \tau)]_0^t = 1 - \cos p_n t \tag{4.99}$$

4.6.2 さまざまなパルス形状に対する時間応答関数

〔1〕　荷重が長方形パルス状に変化する場合　　図 **4.14** のような長方形パルス状に荷重が変動する場合には，二つのステップ関数の重ね合せと考えることができるので，つぎのようになる。

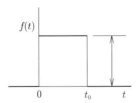

図 **4.14**　長方形パルス

(Ⅰ)　$0 \le t \le t_0$ において

$$\left.\begin{array}{l} f(t) = 1 \\ G_n(t) = 1 - \cos p_n t \end{array}\right\} \tag{4.100}$$

(Ⅱ)　$t_0 \le t$ において

$$f(t) = 0$$
$$\left. G_n(t) = (1 - \cos p_n t) - \{1 - \cos p_n(t - t_0)\} = \cos p_n(t - t_0) - \cos p_n t \right\}$$
(4.101)

この場合，力積 I はつぎのようになる。

$$I = F_0 \int_0^{t_0} f(t)dt = F_0 t_0 \tag{4.102}$$

〔**2**〕　**荷重が直角三角形状に変化する場合**　図 **4.15** (a) のような直角三角形パルスでは，つぎのようになる。

(I)　$0 \le t \le t_0$ において

$$f(t) = 1 - \frac{t}{t_0},$$
$$\begin{aligned} G_n(t) &= -\left(\frac{t}{t_0} - \frac{1}{p_n t_0} \sin p_n t\right) + (1 - \cos p_n t) \\ &= \left(1 - \frac{t}{t_0}\right) + \frac{1}{p_n t_0}(\sin p_n t - p_n t_0 \cos p_n t) \\ &= G_{n1}(t) \end{aligned} \tag{4.103}$$

(II)　$t_0 \le t$ において

$$f(t) = 0,$$
$$\begin{aligned} G_n(t) &= G_{n1}(t) + \left\{\frac{t - t_0}{t_0} - \frac{1}{p_n t_0} \sin p_n(t - t_0)\right\} \\ &= \frac{1}{p_n t_0} \sin p_n t - \sin p_n(t - t_0) - p_n t_0 \cos p_n t \end{aligned} \tag{4.104}$$

この場合，力積 I はつぎのようになる。

$$I = F_0 \int_0^{t_0} f(t)dt = \frac{F_0 t_0}{2} \tag{4.105}$$

〔**3**〕　**荷重が二等辺三角形状に変化する場合**　図 4.15 (b) のような二等辺三角形パルスでは，三区間に分けて計算する必要がある。荷重が直線的に増加する区間 (I) の結果が基本となり，傾きと位相を変えて順次重ね合わせること

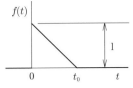
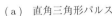

（a）直角三角形パルス

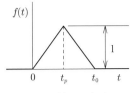

（b）二等辺三角形パルス

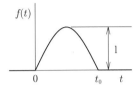

（c）半正弦波パルス

図 4.15 さまざまな形状の荷重パルス

によりつぎの区間 (Ⅱ) および (Ⅲ) の結果を簡単に導くことができ，つぎのようになる。

(Ⅰ)　$0 \leqq t \leqq t_p$ において

$$
\left.
\begin{aligned}
f(t) &= \frac{t}{t_p} \\
G_n(t) &= \frac{1}{p_n t_p} \int_0^t \tau \sin p_n(t - \tau) d\tau = \frac{t}{t_p} - \frac{1}{p_n t_p} \sin p_n t = G_{n1}(t)
\end{aligned}
\right\}
\tag{4.106}
$$

(Ⅱ)　$t_p \leqq t \leqq t_0$ において

$$
\begin{aligned}
f(t) &= \frac{t_0 - t}{t_0 - t_p}, \\
G_n(t) &= G_{n1}(t) - \left\{ \frac{t - t_p}{t_p} - \frac{1}{p_n t_p} \sin p_n(t - t_p) \right\} \\
&\qquad - \left\{ \frac{t - t_p}{t_0 - t_p} - \frac{1}{p_n(t_0 - t_p)} \sin p_n(t - t_p) \right\} \\
&= \frac{t_0 - t}{t_0 - t_p} - \frac{1}{p_n t_p} \left(\sin p_n t - \frac{t_0}{t_0 - t_p} \sin p_n(t - t_p) \right) = G_{n2}(t)
\end{aligned}
\tag{4.107}
$$

(Ⅲ)　$t_0 \leqq t$ において

$$f(t) = 0,$$

$$G_n(t) = G_{n2}(t) + \left\{ \frac{t - t_0}{t_0 - t_p} - \frac{1}{\omega_n(t_0 - t_p)} \sin \omega_n(t - t_0) \right\}$$

$$= -\frac{1}{p_n t_p} \left\{ \sin p_n t - \frac{t_0}{t_0 - t_p} \sin p_n(t - t_p) + \frac{t_p}{t_0 - t_p} \sin p_n(t - t_0) \right\}$$

$$\tag{4.108}$$

この場合，力積 I はつぎのようになる。

$$I = F_0 \int_0^{t_0} f(t) dt = \frac{F_0 t_0}{2} \tag{4.109}$$

〔4〕　**荷重が半正弦波状に変化する場合**　　図 4.15 (c) のような半正弦波パルスでは，つぎのようになる。

(Ⅰ)　$0 \leqq t \leqq t_0$ において

$$f(t) = \sin \frac{\pi}{t_0} t,$$

$$G_n(t) = \int_0^t \sin \frac{\pi}{t_0} \tau \sin p_n(t - \tau) d\tau$$

$$= \sin \frac{\pi}{t_0} t + \frac{\omega_0^2}{p_n^2 - \omega_0^2} \left\{ \sin \frac{\pi}{t_0} t - \frac{p_n}{\omega_0} \sin p_n t \right\}$$

$$= G_{n1}(t) \tag{4.110}$$

(Ⅱ)　$t_0 \leqq t$ において

$$f(t) = 0,$$

$$G_n(t) = G_{n1}(t) + \sin \frac{\pi}{t_0}(t - t_0)$$

$$\quad + \frac{\omega_0^2}{p_n^2 - \omega_0^2} \left\{ \sin \frac{\pi}{t_0}(t - t_0) - \frac{p_n}{\omega_0} \sin p_n(t - t_0) \right\}$$

$$= -\frac{p_n \omega_0}{p_n^2 - \omega_0^2} \left\{ \sin p_n t + \sin p_n(t - t_0) \right\} \tag{4.111}$$

この場合，力積 I はつぎのようになる。

$$I = F_0 \int_0^{t_0} f(t)dt = \frac{F_0 t_0}{\pi} \tag{4.112}$$

ここで，$\omega_0 = \pi/t_0$ である。

〔**5**〕 **荷重が指数関数状に変化する場合** 図 **4.16**（a）のような指数関数状の場合は，つぎのようになる。

$$f(t) = e^{-st},$$

$$G_n(t) = p_n \int_0^t \sin p_n(t - \tau) \cdot e^{-s\tau} d\tau$$

$$= e^{-st} - \frac{s^2}{s^2 + p_n^2} \left\{ e^{-st} - \frac{p_n}{s} \sin p_n t + \frac{p_n^2}{s^2} \cos p_n t \right\} \tag{4.113}$$

この場合，力積 I はつぎのようになる。

$$I = F_0 \int_0^\infty e^{-st}dt = \frac{F_0}{s} \tag{4.114}$$

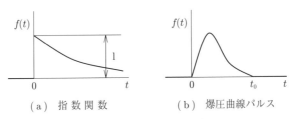

（a）指 数 関 数 （b）爆圧曲線パルス

図 4.16 指数関数を用いた荷重パルス

〔**6**〕 **荷重が爆圧曲線状に変化する場合** 図 4.16（b）のような爆圧曲線パルスでは，つぎのようになる。

（I）$0 \leqq t \leqq t_0$ において

$$f(t) = e^{-\alpha \frac{\pi}{t_0} t} \sin \frac{\pi}{t_0} t,$$

$$G_n(t) = \int_0^t e^{-\alpha \frac{\pi}{t_0} t} \sin \frac{\pi}{t_0} \tau \sin \omega_n(t - \tau) d\tau$$

$$= e^{-\alpha \frac{\pi}{t_0} t} \sin \frac{\pi}{t_0} t - \frac{e^{-\alpha \frac{\pi}{t_0} t}}{2} \frac{(1 + \lambda_n + \alpha^2) \sin \frac{\pi}{t_0} t + \alpha \lambda_n \cos \frac{\pi}{t_0} t}{(1 + \lambda_n)^2 + \alpha^2}$$

$$- \frac{e^{-\alpha \frac{\pi}{t_0} t}}{2} \frac{(1 - \lambda_n + \alpha^2) \sin \frac{\pi}{t_0} t - \alpha \lambda_n \cos \frac{\pi}{t_0} t}{(1 - \lambda_n)^2 + \alpha^2}$$

$$- \frac{1}{2} \frac{(1 + \lambda_n + \alpha^2) \sin \omega_n t - \alpha \lambda_n \cos \omega_n t}{(1 + \lambda_n)^2 + \alpha^2}$$

$$+ \frac{1}{2} \frac{(1 - \lambda_n + \alpha^2) \sin \omega_n t - \alpha \lambda_n \cos \omega_n t}{(1 - \lambda_n)^2 + \alpha^2} \tag{4.115}$$

(II) $t_0 \leqq t$ において

$$f(t) = 0,$$

$$G_n(t) = \frac{e^{-\alpha\pi} \cos p_n t}{2} \frac{\alpha \lambda_n \cos p_n t_0 + (1 + \lambda_n + \alpha^2) \sin p_n t_0}{(1 + \lambda_n)^2 + \alpha^2}$$

$$- \frac{e^{-\alpha\pi} \cos p_n t}{2} \frac{\alpha \lambda_n \cos p_n t_0 + (1 - \lambda_n + \alpha^2) \sin p_n t_0}{(1 - \lambda_n)^2 + \alpha^2}$$

$$- \frac{e^{-\alpha\pi} \sin p_n t}{2} \frac{(1 + \lambda_n + \alpha^2) \cos p_n t_0 - \alpha \lambda_n \sin p_n t_0}{(1 + \lambda_n)^2 + \alpha^2}$$

$$+ \frac{e^{-\alpha\pi} \sin p_n t}{2} \frac{(1 - \lambda_n + \alpha^2) \cos p_n t_0 - \alpha \lambda_n \sin p_n t_0}{(1 - \lambda_n)^2 + \alpha^2}$$

$$- \frac{1}{2} \frac{(1 + \lambda_n + \alpha^2) \sin p_n t - \alpha \lambda_n \cos p_n t}{(1 + \lambda_n)^2 + \alpha^2}$$

$$+ \frac{1}{2} \frac{(1 - \lambda_n + \alpha^2) \sin p_n t - \alpha \lambda_n \cos p_n t}{(1 - \lambda_n)^2 + \alpha^2} \tag{4.116}$$

ここで, $\lambda_n = p_n / \omega_0$, $\omega_0 = \pi / t_0$ である。この場合, 力積 I はつぎのように
なる。

$$I = F_0 \int_0^{t_0} f(t) dt = \frac{F_0 t_0}{\pi} \frac{1 + e^{-\alpha\pi}}{1 + \alpha^2} \tag{4.117}$$

4.7   荷重の持続時間と波形が梁の応答に与える影響

本節では, 両端単純支持梁の中央に集中衝撃力が作用する問題について, 荷
重の時間変化の大きさと持続時間が梁のたわみと曲げモーメントの応答に与え
る影響について調べるため, 数値計算を行ってみる。

4.7.1　荷重が長方形パルス状に変化する場合

荷重が，図 4.14 のような長方形パルス状の場合について数値計算を行うため，式 (4.100) および式 (4.101) における $G_n(t)$ を無次元化した固有振動数 ω_n，および無次元化した時間 τ を用いて，つぎのように置き換える。

（I）　$0 \leqq \tau \leqq \tau_0$ において

$$G_n(\tau) = 1 - \cos \omega_n \tau$$

（II）　$\tau_0 \leqq \tau$ において

$$G_n(\tau) = \cos \omega_n (\tau - \tau_0) - \cos \omega_n \tau$$

これを用いてパルスの持続時間 τ_0 を $\tau_0/\tau_1 = 0.1, 0.3, 0.5$ の 3 通りに変え，たわみおよび曲げモーメントの時間変動を計算したところ，**図 4.17** および**図 4.18** のようになった。ここで，τ_1（$= 2\pi/\omega_1$）は梁の一次の固有振動数 ω_1 の周期である。

図 4.17 および図 4.18 の時間変動から，たわみの最大値および曲げモーメントの最大値を読み取り，これをそれぞれ $w_{\max}$ および $M_{\max}$ とする。これらの値を

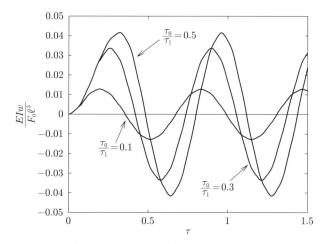

図 4.17　長方形パルス荷重を受ける両端単純支持梁中央のたわみ

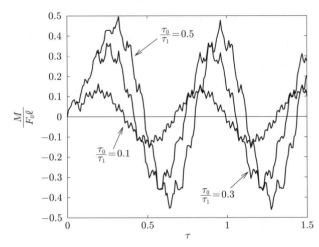

図 4.18 長方形パルス荷重を受ける両端単純支持梁中央の曲げモーメント

荷重 F_0 が静的に作用した場合の結果 $w_{static} = 0.0208$ および $M_{static} = 0.25$ で除した値について整理すると，**表 4.3** のようになる。ここで，τ_0 の代わりに次元をもった t_0 と，τ_1 の代わりに次元をもった t_1（$= 2\pi/p_1$）を用いた t_0/t_1 を用いている。これを見ると，荷重の持続時間 t_0 が長くなると最大たわみが大きくなり，t_0/t_1 が 0.5，すなわち梁の一次固有振動周期の 1/2 に近づくと，w_{max}/w_{static} および M_{max}/M_{static} の値は共に 2 に近づくことがわかる。このことは，荷重がステップ状に作用した場合の結果である図 4.9 および図 4.10 を見ても，容易に予見できる。

表 4.3 最大たわみと最大曲げモーメントと荷重パルス幅の関係
（両端単純支持梁・集中荷重・長方形パルス）

荷重パルス幅 t_0/t_1（$= \tau_0/\tau_1$）	最大たわみ w_{max}/w_{static}	最大曲げモーメント M_{max}/M_{static}
0.1	0.563	0.667
0.3	1.601	1.467
0.5	2.005	2.000

4.7.2 荷重が半正弦波パルス状に変化する場合

他のパルス波形の例として，半正弦波パルスについても，式 (4.110) および

式 (4.111) に基づいて，t_0/t_1（$= \tau_0/\tau_1$）が 0.1 から 0.4 までの範囲でたわみおよび曲げモーメントの応答を計算すると，図 **4.19** および図 **4.20** のようになる。やはり荷重の持続時間が長くなるとともに，最大たわみ，最大曲げモーメントも大きくなることがわかる。この図と図 4.17 および図 4.18 とを比較すると，半正弦波パルスのほうが長方形パルスの結果よりも小さくなっている。こ

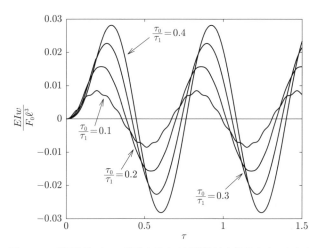

図 **4.19** 半正弦波パルス荷重を受ける両端単純支持梁中央のたわみ

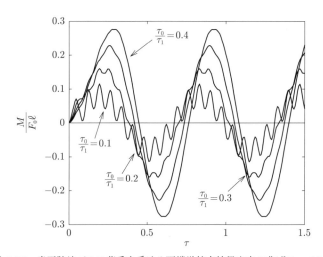

図 **4.20** 半正弦波パルス荷重を受ける両端単純支持梁中央の曲げモーメント

れは，荷重の最大値が同じであると，長方形パルスの力積が $F_0 t_0$ であるのに対して半正弦波パルスの力積が小さくなり，$2F_0 t_0/\pi$ となるからである。

4.7.3　荷重パルス形状と持続時間の影響

直角三角形パルスと二等辺三角形パルスについても，同様に最大たわみと荷重の持続時間との関係を求めて，長方形パルスおよび半正弦波パルスの結果と併せて比較してみよう。ここで，すべてのパルスで力積が等しく $F_0 t_0$ となるように，最大たわみの値を三角形パルスでは 2 倍，半正弦波パルスでは $\pi/2$ 倍として結果をまとめたものが，**図 4.21** である。同じように最大曲げモーメントについても，パルス形状と幅との関係をまとめたものが**図 4.22** である。図中の直線は，たわみおよび曲げモーメントの応答の最大値が，パルス幅 τ_0 が増加して $0.5T_1$ になると 2 倍に増加するものと仮定して，引いたものである。応答の最大値のほとんどは，この直線よりも大きくなっていることがわかる。

図 4.21 および図 4.22 により，両端単純支持梁の中央に物体が衝突したとき，その物体のもっていた運動量がわかり，かつその物体と梁との接触期間を推定

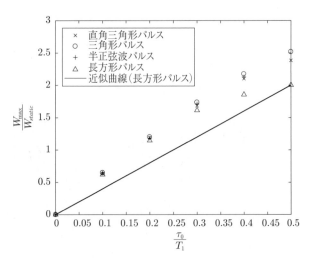

図 4.21　最大たわみと荷重パルス形状および長さの影響
（パルス状荷重を受ける両端単純支持梁中央のたわみ）

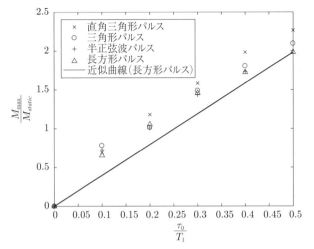

図 4.22 最大曲げモーメントと荷重パルス形状および長さの影響
（パルス状荷重を受ける両端単純支持梁中央の曲げモーメント）

することができれば，最大たわみあるいは最大曲げモーメント，すなわち最大応力を推定することが可能になる。

【考　察】

①　片持梁について，式 (4.89) および式 (4.92) に示されている集中と等分布の静荷重による結果を求めてみよう。

〈ヒント〉

静荷重問題では，基礎方程式 (4.3) の時間微分に関する項がなくなるので，基礎方程式は常微分方程式となり，つぎのようになる。

$$EI\frac{d^4 w}{dx^4} = q(x)$$

この方程式の同次解は，x で 4 回積分してつぎのようになる。

$$w = c_1 x^3 + c_2 x^2 + c_3 x + c_4$$

これに非同次解を加えて境界条件を用いて解を求めることになる。

②　図 4.1 に示されている合応力の曲げモーメントとせん断力を用いて，平衡方程式 (4.2) を求めてみよう。

5 板の曲げ衝撃

本章では，平板に衝撃力が作用する問題の解析方法を示すとともに，板の衝撃応答に関する基本的な理解を与える。基礎方程式には，古典理論であるラグランジュ（Lagrange）の理論を用いることにする。

5.1 基 礎 方 程 式

最初に 2 章で示した解析の出発点となるラグランジュの板理論を改めてまとめて記載しておくことにする。板の理論では**図 5.1** に示すような座標系を定義し，応力については合応力成分である曲げモーメント M_x および M_y，ねじりモーメント M_{xy} および M_{yx}，せん断力 Q_x および Q_y で表すものとする。

その他の記号などの定義は以下のとおりである。

E：ヤング率，　　　　　　G：せん断弾性係数，　ρ：密度，

ν：ポアソン比，　　　　　h：板の厚さ，　　　　a, b：板の x, y 軸方向長さ，

D：板の曲げ剛性，　　　　σ_x, σ_y：垂直応力，　　$\varepsilon_x, \varepsilon_y$：垂直ひずみ，

M_x, M_y：曲げモーメント，　M_{xy}, M_{yx}：ねじりモーメント，

Q_x, Q_y：せん断力，　　　　(x, y, z)：座標，　　　t：時間，

u_i：変位成分，　　　　　　w：たわみ，　　　　　ψ_x, ψ_y：断面の回転角，

$q(x, y, t)$：分布荷重，　　　ω_{mn}：無次元固有振動数

古典理論では，板の面外方向のせん断力による変形を無視しているので，たわみ角，曲げモーメント，ねじりモーメントの定義式は以下のようになる。

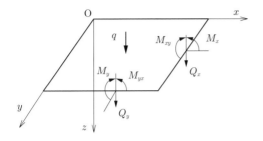

図 **5.1**　平板に働く合応力
　　　　　の定義と座標系

$$\psi_x = \frac{\partial w}{\partial x}, \quad \psi_y = \frac{\partial w}{\partial y}$$

$$M_x = -D\left(\frac{\partial^2 w}{\partial x^2} + \nu\frac{\partial^2 w}{\partial y^2}\right)$$

$$M_y = -D\left(\frac{\partial^2 w}{\partial y^2} + \nu\frac{\partial^2 w}{\partial x^2}\right) \quad (5.1)$$

$$M_{xy} = M_{yx} = -D(1-v)\frac{\partial^2 w}{\partial x \partial y}$$

せん断力 Q_x と Q_y については，せん断変形を無視していてたわみとの関係を
定義できないので，回転の釣合い式によりつぎのように定義している。

$$Q_x = \frac{\partial M_x}{\partial x} + \frac{\partial M_{yx}}{\partial y} = -D\frac{\partial}{\partial x}\left(\frac{\partial^2 w}{\partial x^2} + \frac{\partial^2 w}{\partial y^2}\right)$$

$$Q_y = \frac{\partial M_y}{\partial y} + \frac{\partial M_{xy}}{\partial x} = -D\frac{\partial}{\partial y}\left(\frac{\partial^2 w}{\partial x^2} + \frac{\partial^2 w}{\partial y^2}\right) \quad (5.2)$$

ここで

$$D = \frac{Eh^3}{12(1-\nu^2)}$$

である。なお，回転の慣性力は微小量であるとして無視している。

　面外方向（z 軸方向）の並進の釣合い式は，つぎのようになる。

$$\frac{\partial Q_x}{\partial x} + \frac{\partial Q_y}{\partial y} + q(x,y,t) = \rho h\frac{\partial^2 w}{\partial t^2} \quad (5.3)$$

これに式 (5.2) を代入して釣合い式 (5.3) をたわみ w で表せば，つぎのように
なる。

$$\nabla^4 w + \frac{\rho h}{D}\frac{\partial^2 w}{\partial t^2} = \frac{q(x,y,t)}{D} \quad (5.4)$$

ここで

$$\nabla^4 \equiv (\nabla^2)^2 = \left(\frac{\partial^2}{\partial x^2} + \frac{\partial^2}{\partial y^2} \right)^2$$

である。

この式は，梁の基礎方程式と対比すればベルヌーイ・オイラーの式に相当する。

5.2　周辺単純支持板の衝撃応答

5.2.1　フーリエ級数による解析

図 5.2 のように，周辺が単純支持された長さが a と b の長方形板に分布衝撃荷重 $q(x, y, t)$ が作用する問題を考えると，境界条件はつぎのようになる。

$$\left. \begin{array}{l} (w)_{x=0,a} = (M_x)_{x=0,a} = 0 \\ (w)_{y=0,b} = (M_y)_{y=0,b} = 0 \end{array} \right\} \tag{5.5}$$

この条件を満足するたわみ w のフーリエ級数解を，つぎのようにおくことにする。

$$w = \sum_{m=1}^{\infty} \sum_{n=1}^{\infty} W_{mn}(t) \sin \frac{m\pi}{a} x \sin \frac{n\pi}{b} y \tag{5.6}$$

ここで，$W_{mn}(t)$ は時間 t の関数であり，平衡方程式 (5.4) を満足するように決定される。また，初期条件としては下記が成立するものとする。

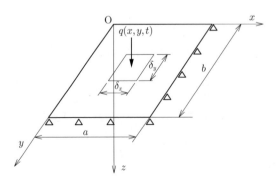

図 **5.2**　部分分布衝撃荷重を
受ける周辺支持平板

$$(w)_{t=0} = \left(\frac{\partial w}{\partial t}\right)_{t=0} = 0$$

そこで，式 (5.6) を式 (5.4) に代入し，$\sin(m\pi x/a)$ および $\sin(n\pi y/b)$ を両辺に乗じ，x については 0 から a まで，y については 0 から b まで積分し，さらにラプラス変換すれば，次式が得られる。

$$\left[\left\{\left(\frac{m\pi}{a}\right)^2 + \left(\frac{n\pi}{b}\right)^2\right\}^2 + \frac{\rho h}{D}p^2\right]\overline{W}_{mn} = \frac{\overline{q}_{mn}}{D} \tag{5.7}$$

$$\overline{q}_{mn} = \frac{4}{ab}\int_0^a\int_0^b \overline{q}(x,y,p)\sin\frac{m\pi}{a}x\,\sin\frac{n\pi}{b}y\,dxdy \tag{5.8}$$

ここで

$$(\overline{W}_{mn}, \overline{q}_{mn}) = \int_0^\infty (W_{mn}, q_{mn})e^{-pt}dt$$

である。

式 (5.7) のラプラス逆変換を求めるため，下記のように書き換えることにする。

$$(c_3^2 r^2 \alpha_{mn}^4 + p^2)\overline{W}_{mn} = \frac{\overline{q}_{mn}}{\rho h} \tag{5.9}$$

ただし

$$c_3^2 = \frac{E}{\rho(1-\nu^2)}, \qquad r^2 = \frac{h^2}{12},$$

$$\alpha_{mn}^2 = \alpha_m^2 + \alpha_n^2, \qquad \alpha_m = \frac{m\pi}{a}, \qquad \alpha_n = \frac{n\pi}{b}$$

正弦関数 $\sin at$ のラプラス変換が $a/(p^2 + a^2)$ であることとラプラス変換の合成則を用いれば，式 (5.9) のラプラス逆変換はつぎのようになる。

$$W_{mn}(t) = \frac{1}{\rho h c_3 r \alpha_{mn}^2}\int_0^t \sin\{c_3 r\alpha_{mn}^2(t-\tau)\}\cdot q_{mn}(\tau)d\tau \tag{5.10}$$

5.2.2 部分分布荷重の場合

例えば，図 5.2 のように板の中央部分の

$$\frac{a}{2} - \frac{\delta_x}{2} \leqq x \leqq \frac{a}{2} + \frac{\delta_x}{2} \quad \text{かつ} \quad \frac{b}{2} - \frac{\delta_y}{2} \leqq y \leqq \frac{b}{2} + \frac{\delta_y}{2}$$

の長方形部分に，単位面積当り q_0 の等分布荷重が作用する場合には，荷重 $q(x, y, t)$ はつぎのように表される。ここで，$f(t)$ は荷重の時間変動を表す関数である。

$$q(x, y, t) = q_0 H\left(\frac{\delta_x}{2} - \left|x - \frac{a}{2}\right|\right) H\left(\frac{\delta_y}{2} - \left|y - \frac{b}{2}\right|\right) f(t) \qquad (5.11)$$

したがって，式 (5.8) はつぎのようになる。

$$q_{mn} = \frac{4q_0 f(t)}{ab} \int_0^a \int_0^b H\left(\frac{\delta_x}{2} - \left|x - \frac{a}{2}\right|\right) H\left(\frac{\delta_y}{2} - \left|y - \frac{b}{2}\right|\right)$$
$$\times \sin\frac{m\pi}{a}x \sin\frac{n\pi}{b}y \, dx dy \qquad (5.12)$$

この積分を実行すれば，つぎのようになる。

$$q_{mn} = \frac{16q_0 f(t)}{mn\pi^2} \sin\frac{m\pi}{2} \sin\frac{n\pi}{2} \sin\frac{m\pi\delta_x}{2a} \sin\frac{n\pi\delta_y}{2b} \qquad (5.13)$$

したがって，$W_{mn}(t)$ はつぎのようになる。

$$W_{mn}(t) = \frac{16q_0}{mn\pi^2 \rho h c_3 r \alpha_{mn}^2} \sin\frac{m\pi}{2} \sin\frac{n\pi}{2} \sin\frac{m\pi\delta_x}{2a} \sin\frac{n\pi\delta_y}{2b}$$
$$\times \int_0^t \sin\{c_3 r \alpha_{mn}^2 (t - \tau)\} \cdot f(\tau) d\tau \qquad (5.14)$$

荷重がステップ関数 $H(t)$ 状に働く場合には $f(t) = H(t)$ であるから，式 (5.14) はつぎのようになる。

$$W_{mn}(t) = \frac{16q_0}{abD\alpha_m \alpha_n \alpha_{mn}^4} \sin\frac{m\pi}{2} \sin\frac{n\pi}{2} \sin\frac{m\pi\delta_x}{2a} \sin\frac{n\pi\delta_y}{2b}$$
$$\times (1 - \cos c_3 r \alpha_{mn}^2 t) \qquad (5.15)$$

5.2.3　集中荷重の場合

荷重が集中荷重 $F_0 H(t)$ の場合の結果は，$F_0 \equiv q_0 \delta_x \delta_y$ とおいた上で $\delta_x \to 0$，$\delta_y \to 0$ とすれば得られ，つぎのようになる。

$$W_{mn}(t) = \frac{4F_0}{abD\alpha_{mn}^4} \sin\frac{m\pi}{2} \sin\frac{n\pi}{2} (1 - \cos c_3 r \alpha_{mn}^2 t) \qquad (5.16)$$

この場合のたわみ w の解は，式 (5.6) に代入してつぎのようになる。

$$w = \frac{4F_0}{abD} \sum_{m=1}^{\infty} \sum_{n=1}^{\infty} \frac{\sin \dfrac{m\pi}{2} \sin \dfrac{n\pi}{2}}{\alpha_{mn}^4} \sin \alpha_m x \sin \alpha_n y (1 - \cos c_3 r \alpha_{mn}^2 t)$$

$$(5.17)$$

曲げモーメント M_x および M_y の解は，式 (5.1) の定義に従って w を微分することにより得られ，つぎのようになる。

$$M_x = \frac{4F_0}{ab} \sum_{m=1}^{\infty} \sum_{n=1}^{\infty} \frac{\alpha_m^2 + \nu\alpha_n^2}{\alpha_{mn}^4} \sin \frac{m\pi}{2} \sin \frac{n\pi}{2} \sin \alpha_m x \sin \alpha_n y$$

$$\times (1 - \cos c_3 r \alpha_{mn}^2 t),$$

$$M_y = \frac{4F_0}{ab} \sum_{m=1}^{\infty} \sum_{n=1}^{\infty} \frac{\alpha_n^2 + \nu\alpha_m^2}{\alpha_{mn}^4} \sin \frac{m\pi}{2} \sin \frac{n\pi}{2} \sin \alpha_m x \sin \alpha_n y$$

$$\times (1 - \cos c_3 r \alpha_{mn}^2 t) \qquad (5.18)$$

5.2.4 等分布荷重の場合

一方，板の全域 $0 \leqq x \leqq a$ および $0 \leqq y \leqq b$ にわたって等分布荷重 $q(x,y,t)$ $= q_0 f(t)$ が作用する場合の解は，式 (5.12) において $\delta_x = a$，$\delta_y = b$ とおくことにより得られる。例えば，荷重がステップ関数 $H(t)$ 状に働く場合のたわみ w の解は，つぎのようになる。

$$w = \frac{16q_0}{abD} \sum_{m=1,3,5,\ldots}^{\infty} \sum_{n=1,3,5,\ldots}^{\infty} \frac{\sin \alpha_m x \sin \alpha_n y}{\alpha_m \alpha_n \alpha_{mn}^4} (1 - \cos c_3 r \alpha_{mn}^2 t)$$

$$(5.19)$$

たわみ角あるいは合応力成分の解は，たわみ w の解を x および y について微分することにより得られ，例えば曲げモーメント M_x および M_y の解は，つぎのようになる。

$$M_x = \frac{16q_0}{ab} \sum_{m=1,3,5,\ldots}^{\infty} \sum_{n=1,3,5,\ldots}^{\infty} \frac{\alpha_m^2 + \nu\alpha_n^2}{\alpha_m \alpha_n \alpha_{mn}^4} \sin \alpha_m x \sin \alpha_n y (1 - \cos c_3 r \alpha_{mn}^2 t),$$

$$M_y = \frac{16q_0}{ab} \sum_{m=1,3,5,\ldots}^{\infty} \sum_{n=1,3,5,\ldots}^{\infty} \frac{\alpha_n^2 + \nu\alpha_m^2}{\alpha_m \alpha_n \alpha_{mn}^4} \sin\alpha_m x \sin\alpha_n y (1 - \cos c_3 r\alpha_{mn}^2 t)$$

$$(5.20)$$

ここで，x 軸方向に m 次で，y 軸方向に n 次の固有振動数 p_{mn} は，次式で与えられる。

$$p_{mn} = c_3 r\alpha_{mn}^2 = c_3 r(\alpha_m^2 + \alpha_n^2) \tag{5.21}$$

5.3　数 値 計 算 例

板の中央（$x = a/2,\ y = b/2$）におけるたわみを計算してみる。ここで，問題を簡単にするため板は正方形とし，$a = b$ とすれば

$$\alpha_m = \frac{m\pi}{a}, \qquad \alpha_n = \frac{n\pi}{a}, \qquad \alpha_{mn}^2 = \frac{\pi^2}{a^2}(m^2 + n^2) \tag{5.22}$$

となる。また，数値計算にあたっては，つぎのような無次元固有振動数 ω_{mn} および無次元時間 τ を導入することにする。

$$\omega_{mn} = a^2\alpha_{mn}^2 = \pi^2(m^2 + n^2), \qquad \tau = \frac{c_3 r}{a^2}t \tag{5.23}$$

5.3.1　集中荷重の場合

式 (5.16) について上のような置換えを行えば，つぎのようになる。

$$\frac{D}{F_0 a^2}(w)_{x=y=\frac{a}{2}} = \frac{4}{\pi^4} \sum_{m=1,3,5,\ldots}^{\infty} \sum_{n=1,3,5,\ldots}^{\infty} \frac{1}{(m^2+n^2)^2}(1 - \cos\omega_{mn}\tau)$$

$$(5.24)$$

一方，曲げモーメント M_x は，式 (5.17) からつぎのようになる。

$$\frac{1}{F_0}(M_x)_{x=y=\frac{a}{2}} = \frac{4}{\pi^2} \sum_{m=1,3,5,\ldots}^{\infty} \sum_{n=1,3,5,\ldots}^{\infty} \frac{m^2 + \nu n^2}{(m^2+n^2)^2}$$

$$\times (1 - \cos\omega_{mn}\tau) \tag{5.25}$$

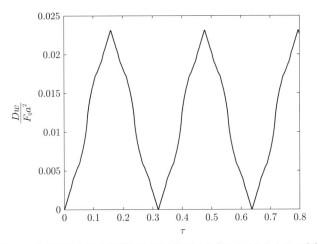

図 **5.3** 集中荷重を受ける周辺支持正方形板の中央におけるたわみの応答

なお，この問題では板の中央においては $M_y = M_x$ となる。たわみ w について数値計算を行ったのが，**図 5.3** である。

式 (5.24) の係数は，荷重が静的に作用した場合の結果となることがわかっている。すなわち，たわみの静的結果 w_{static} はつぎのようになる。

$$\frac{D}{F_0 a^2}(w)_{x=y=\frac{a}{2}} = \frac{4}{\pi^4} \sum_{m=1,3,5,\dots}^{\infty} \sum_{n=1,3,5,\dots}^{\infty} \frac{1}{(m^2 + n^2)^2} \tag{5.26}$$

この式の右辺を計算すると

$$(w_{static})_{x=y=\frac{a}{2}} \fallingdotseq 0.011\,6 \times \frac{F_0 a^2}{D}$$

となり，図 5.3 の時間変動の中心となっていることがわかる。

5.3.2 等分布荷重の場合

式 (5.18) について上のような置換えを行えば，つぎのようになる。

$$\frac{D}{q_0 a^4}(w)_{x=y=\frac{a}{2}} = \frac{16}{\pi^6} \sum_{m=1,3,5,\dots}^{\infty} \sum_{n=1,3,5,\dots}^{\infty} \frac{\sin\frac{m\pi}{2}\sin\frac{n\pi}{2}}{mn(m^2 + n^2)^2}(1 - \cos\omega_{mn}\tau)$$

$$\tag{5.27}$$

一方，曲げモーメント M_x は，式 (5.19) からつぎのようになる。

$$\frac{1}{q_0 a^2}(M_x)_{x=y=\frac{a}{2}} = \frac{16}{\pi^4} \sum_{m=1,3,5,\dots}^{\infty} \sum_{n=1,3,5,\dots}^{\infty} \frac{m^2 + \nu n^2}{mn(m^2+n^2)^2} \sin\frac{m\pi}{2}$$

$$\times \sin\frac{n\pi}{2}(1 - \cos\omega_{mn}\tau)$$

$$(5.28)$$

同じように，この問題でも $M_y = M_x$ となる。**図 5.4** はたわみ w について数値計算を行ったものである。

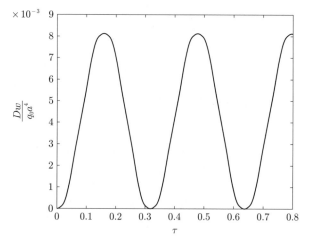

図 5.4　等分布荷重を受ける周辺支持正方形板の中央におけるたわみの応答

式 (5.27) の係数は，荷重が静的に作用した場合の結果となることがわかっている。すなわち，たわみの静的結果 w_{static} はつぎのようになる。

$$\frac{D}{q_0 a^4}(w_{static})_{x=y=\frac{a}{2}} = \frac{16}{\pi^6} \sum_{m=1,3,5,\dots}^{\infty} \sum_{n=1,3,5,\dots}^{\infty} \frac{\sin\frac{m\pi}{2}\sin\frac{n\pi}{2}}{mn(m^2+n^2)^2}$$

$$(5.29)$$

この式の右辺を計算すると

$$(w_{static})_{x=y=\frac{a}{2}} \fallingdotseq 0.004\,16 \times \frac{q_0 a^4}{D}$$

となり，図 5.4 の時間変動の中心となっていることがわかる。

第 II 部　実　践　編

6

弾性限度を超えた衝撃問題

　これまでは，材料の弾性限度を超えないことを前提とした問題に対する解析であった。本章では，棒の縦衝撃問題を例として，作用する衝撃の負荷速度が高くなって衝撃力が大きくなり，材料の弾性限度を超える場合についての基本的な現象を考えることにする。

　まず棒の弾塑性応答を，弾性波と塑性波の一次元伝播問題として解析する方法を示し，衝撃によって塑性変形が及ぶ範囲が理論的に求められることを示す。また，衝撃荷重の下では材料の性質が静的な性質と異なることが経験的に明らかになっており，その原因の一つが材料のひずみ速度依存性にあるといわれている。そこで，ひずみ速度が衝撃応答に及ぼす影響についても述べることにする。

6.1　棒の弾塑性衝撃応答の解析

　3章の図3.1に示すように，棒の端面に作用する衝撃力によって棒端が変位速度 V を受けると $\rho c V$ の応力が発生するが，V の増加とともに弾性限度 σ_y（降伏応力）を超えることになり，棒には弾性変形だけでなく塑性変形も生じる。このように，大きな衝撃力によって動的な弾性変形と塑性変形が共に発生する場合，すなわち棒の弾塑性応答について考える。

まず構成式としての材料の応力–ひずみ関係を定義する必要がある。ここで
は最も基本的な例として，**図 6.1** に示すような二直線による**弾線形硬化体**とし
て定義することにする。なお問題を単純化するため，この応力–ひずみ関係は図
6.2 のように引張側でも圧縮側でも同じであるとして，バウシンガー効果は考
えず，後述のようなひずみ速度依存性も無視することにする。この材料からな
る棒の縦衝撃に関する支配方程式は，以下のようになる。

力の釣合い式：

$$\frac{\partial \sigma}{\partial x} = \rho \frac{\partial^2 u}{\partial t^2} \tag{6.1}$$

ひずみと変位の関係式（連続条件式）：

$$\frac{\partial \varepsilon}{\partial t} = \frac{\partial v}{\partial x} \tag{6.2}$$

ここで，$v = \partial u/\partial t,\ \varepsilon = \partial u/\partial x$ であり，v は変位速度（粒子速度）である。

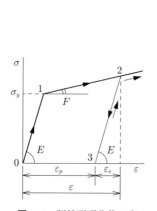

図 6.1 弾線形硬化体の応
力–ひずみ線図

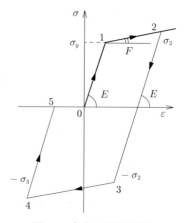

図 6.2 負荷・除荷を伴う
応力–ひずみ線図

構成式：

（I）　$0 \le \sigma \le \sigma_y$ の場合

$$\frac{\partial \sigma}{\partial t} = E \frac{\partial \varepsilon}{\partial t} \tag{6.3}$$

(Ⅱ) $\sigma_y < \sigma$ の場合

$$\frac{\partial \sigma}{\partial t} = F \frac{\partial \varepsilon}{\partial t} \tag{6.4}$$

ここで，E は縦弾性係数，F は**硬化係数**，σ_y は降伏応力である。

式 (6.1) および式 (6.2) から v を消去すれば，以下の式が得られる。

$$\frac{\partial^2 \sigma}{\partial x^2} = \rho \frac{\partial^2 \varepsilon}{\partial t^2} \tag{6.5}$$

6.1.1 特性曲線に基づいた図式解法

上述の構成式によって定義されるように，応力 σ はひずみ ε の関数であるから，$d\sigma/dx$ はつぎのように表される。

$$\frac{d\sigma}{dx} = \frac{d\varepsilon}{dx} \frac{d\sigma}{d\varepsilon} \tag{6.6}$$

これを用いれば，式 (6.1) は以下のようになる。

$$\rho \frac{dv}{dt} = \frac{d\sigma}{d\varepsilon} \frac{d\varepsilon}{dx} \tag{6.7}$$

ここで，式 (6.3) を用いればつぎのような式が得られる。

$$\frac{d^2 u}{dt^2} - \frac{d\sigma}{\rho d\varepsilon} \frac{d^2 u}{dx^2} = 0 \tag{6.8}$$

この方程式の特性曲線（ここでは直線）はつぎの式の解で表される。

$$(dx)^2 - c^2 (dt)^2 = 0 \tag{6.9}$$

ここで，$c = \sqrt{d\sigma/\rho d\varepsilon}$ であるため，特性曲線は以下の式で与えられ，c は波動伝播速度である。

$$dx = \pm c dt \tag{6.10}$$

式 (6.10) を用いれば，式 (6.1) より次式が得られる。

$$d\sigma = \pm \rho c dv \tag{6.11}$$

式 (6.11) によれば，特性曲線は，(t, x) 平面で傾きが c で与えられる直線であ

ることがわかる。

ここで，c は式 (6.9) で定義される応力波の伝播速度を表しており，特性曲線は応力波の位置と時間を示すことになる。本章で対象としている二直線弾線形硬化体では，つぎのような弾性波と**塑性波**の 2 種類の応力波が発生することになる。

(I) $0 \leqq \sigma \leqq \sigma_y$ において

$$c = \sqrt{\frac{E}{\rho}} = c_e \quad (\text{弾性波速度}) \tag{6.12}$$

(II) $\sigma_y < \sigma$ において

$$c = \sqrt{\frac{F}{\rho}} = c_p \quad (\text{塑性波速度}) \tag{6.13}$$

例えば，3 章の図 3.1 のように，棒の端面 $(x = 0)$ が速度 V_0 の衝撃を受けると発生する応力波の大きさは $\rho c V_0 \ (= \sigma_f)$ となるが，この応力 σ_f が材料の降伏応力 σ_y を超えると，衝撃端において弾性波と塑性波が同時に発生する。そして，その 2 種類の波がそれぞれ固有の伝播速度で伝播していくことになる。そこで，特性曲線場を図示すると**図 6.3** のようになり，弾性波は伝播速度が速いので先行して伝播し，その後を塑性波が追いかけていくことになる[†]。したがって，応力の大きさは波動が到達していない領域⓪では 0，弾性波だけが到達している領域①では σ_y，塑性波も到達している領域②では σ_f となる。

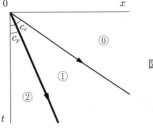

図 6.3 降伏応力を超える荷重が作用した場合の特性曲線（太実線は塑性波）

[†] 3 章のときと同様，図式解法では，圧縮応力波を実線で，引張応力波を破線で示す。さらに，弾性波の圧縮応力波を中細実線で，塑性波のそれを太実線で示し，区別する。

6.1.2 衝撃荷重を受ける半無限長棒の弾塑性応答

図 **6.4** のように，半無限長棒がその自由端（$x = 0$）に持続時間 t_0 の長方形パルス状に変動する圧縮の衝撃荷重 σ_f を受ける問題を考え，弾性波と塑性波の伝播により解析することにする。

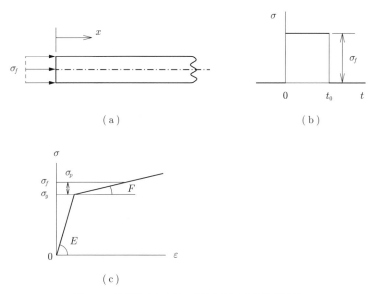

（a）

（b）

（c）

図 **6.4**　長方形パルス状の荷重を受ける半無限長棒

（I）　<u>$\sigma_f \leqq \sigma_y$ の場合</u>　　作用する荷重 σ_f が降伏応力 σ_y 以下の場合は弾性応力場であるから，弾性波の伝播は**図 6.5** のようになり，棒中を伝播する応力波の状況は**図 6.6** のようになる。すなわち，大きさ σ_f で長さ $c_e t_0$ の弾性波が速度 c_e で伝播していく。ここで，$\sigma_f, \sigma_y > 0$ と定義する。

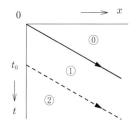

図 **6.5**　半無限長棒中を伝播する波動の図式解法（弾性応答）

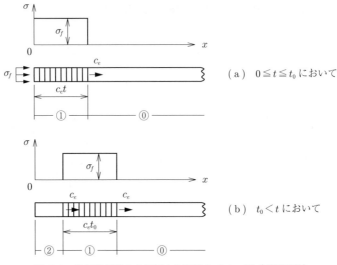

図 6.6 半無限長棒中を伝播する波動のイメージ（弾性応答）

(II) <u>$\sigma_y < \sigma_f$の場合</u>   作用する荷重 σ_f が降伏応力 σ_y を超える場合には弾塑性の応力場になるから，弾性波と塑性波の伝播は**図 6.7** のようになり，棒中を伝播する応力波の状況は**図 6.8**，**表 6.1** のようになる。図中の c_e が弾性波，c_p が塑性波をそれぞれ表している。衝撃端から伝播した塑性波は，後端の除荷による弾性波に $c_p t_p \ (= x_p)$ の位置で追いつかれて消滅する。その時刻 t_p 以降は弾性波だけが伝播し，$0 \leqq x \leqq c_p t_p$ の範囲に圧縮の塑性ひずみ ε_p が残る。

この時刻 t_p と位置 x_p は，荷重のパルス幅 t_0 と材料の性質 E, F, ρ と

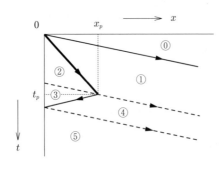

図 6.7 半無限長棒中を伝播する波動の図式解法（弾塑性応答，太実線は塑性波）

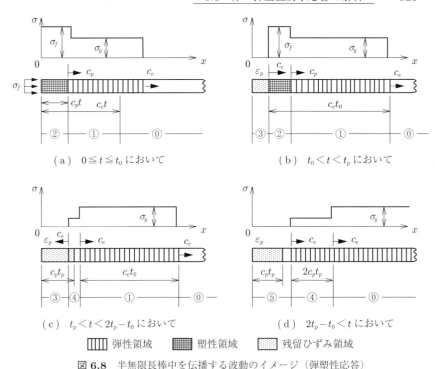

（a）$0 \leqq t \leqq t_0$ において

（b）$t_0 < t < t_p$ において

（c）$t_p < t < 2t_p - t_0$ において

（d）$2t_p - t_0 < t$ において

⬜ 弾性領域　　▦ 塑性領域　　⬚ 残留ひずみ領域

図 6.8　半無限長棒中を伝播する波動のイメージ（弾塑性応答）

表 6.1　各領域における応力と変位速度（半無限長棒）

領域	応　　力	変 位 速 度
⓪	0	0
①	$-\sigma_y$	$\dfrac{\sigma_y}{\rho c_e}$
②	$-(\sigma_y + \sigma_p)$	$\dfrac{\sigma_y}{\rho c_e} + \dfrac{\sigma_p}{\rho c_p}$
③	0	$\dfrac{\sigma_p}{\rho c_p}\left(1 - \dfrac{c_p}{c_e}\right)$
④	$-\dfrac{\sigma_p}{2}\left(\dfrac{c_e}{c_p} - 1\right)$	$\dfrac{\sigma_p}{2\rho c_p}\left(1 - \dfrac{c_p}{c_e}\right)$
⑤	0	0

によって決定される定数であり，衝撃荷重の大きさに依存しないことに注
目する必要がある。

各領域における，応力と変位速度（粒子速度）を求めると，以下のようになる。

【領域⓪】　$\sigma_0 = v_0 = 0$

【領域①】　各領域の状態は，応力波の到達によって変化する。領域①では，応力増分と変位速度増分の関係式 (6.11) からつぎのようになる。ここで，波動の伝播方向は正なので，符号は負とする。

$$\sigma_1 - \sigma_0 = -\rho c_e (v_1 - v_0)$$

ここで，領域①の応力 σ_1 は $\sigma_1 = -\sigma_y$ であり，領域①の変位速度 v_1 は以下のように求められる。

$$v_1 = \frac{\sigma_y}{\rho c_e}$$

【領域②】　領域①から領域②へは，圧縮塑性波の到達によって状態が変化する。したがって，応力増分と変位速度増分の関係式は，波動の伝播方向を考慮すれば以下のとおりになる。

$$\sigma_2 - \sigma_1 = -\rho c_p (v_2 - v_1)$$

ここで，領域②に至る過程において，大きさ $-\sigma_y$ の圧縮弾性波と大きさ $-\sigma_p$ の圧縮塑性波が到達するため，領域②の応力 σ_2 は以下のようになる。

$$\sigma_2 = -(\sigma_y + \sigma_p)$$

上記二式と領域①の σ_1, v_1 より，領域②の変位速度 v_2 は以下のとおりになる。

$$v_2 = \frac{\sigma_y}{\rho c_e} + \frac{\sigma_p}{\rho c_p}$$

【領域③】　領域②から領域③へは，徐荷による引張弾性波の到達によって状態が変化する。したがって，応力増分と変位速度増分の関係式は以下のとおりになる。

$$\sigma_3 - \sigma_2 = -\rho c_e (v_3 - v_2)$$

ここで，領域②から領域③に至る過程では，除荷波の到達により応力は 0 になるため，領域③の応力 σ_3 は以下のようになる。

$$\sigma_3 = 0$$

上記二式と，領域②の σ_2, v_2 より，領域③の変位速度 v_3 は以下のとおりになる。

$$v_3 = \frac{\sigma_p}{\rho c_p}\left(1 - \frac{c_p}{c_e}\right)$$

【領域④】　領域④に至る際には，除荷波（弾性波）が塑性波に追いつくことにより塑性波が消滅し，その際に，インピーダンスギャップ（弾塑性境界）により弾性の透過波と反射波が発生する。これより，領域①から領域④への透過波による変化と，領域③から領域④への反射波による変化が起こる。

まず，領域①から領域④に至る過程の応力増分と変位速度増分の関係式は

$$\sigma_4 - \sigma_1 = -\rho c_e(v_4 - v_1)$$

となり，つぎに領域③から領域④に至る過程の応力増分と変位速度増分の関係式は，波動の伝播方向が逆であることを考慮すれば，以下のとおりになる。

$$\sigma_4 - \sigma_3 = +\rho c_e(v_4 - v_3)$$

つまり，座標系と同方向に応力波が進行する際にはその符号はマイナスに，座標系と逆方向に応力波が進行する際にはその符号はプラスになる。

上記二式を連立すると，領域④の応力 σ_4 と変位速度 v_4 は以下のとおりになる。

$$\sigma_4 = -\frac{\sigma_p}{2}\frac{c_e}{c_p}\left(1 - \frac{c_p}{c_e}\right), \qquad v_4 = \frac{\sigma_p}{2\rho c_p}\left(1 - \frac{c_p}{c_e}\right)$$

以上により，棒に塑性変形の残る範囲 x_p および時間 t_p は次式で与えられる。

$$x_p = \frac{c_e c_p}{c_e - c_p}t_0, \qquad t_p = \frac{c_e}{c_e - c_p}t_0 \tag{6.14}$$

【考　察】

棒に残る残留塑性ひずみ ε_p を計算してみよう。

〈ヒント〉

$$\varepsilon_p = \left(\frac{1}{F} - \frac{1}{E}\right)\sigma_p$$

6.1.3　自由端に衝撃を受ける固定棒の弾塑性応答

図 **6.9** のように，一端が固定された棒がその自由端（$x = 0$）にステップ関数状の衝撃荷重 $F_0 H(t)$，すなわち衝撃応力 σ_f（$= F_0/A$）を受ける問題を考え，σ_f は降伏応力 σ_y を超えているものとすれば，特性曲線場は図 **6.10** のようになる。自由端から弾性波と塑性波が同時に発生するのは前項の半無限長棒の場合と同様であるが，固定端に向かって伝播していく弾性波はその大きさが降伏応力の σ_y となっているので，固定端においては塑性波となって反射し，弾性波

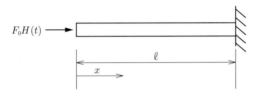

図 **6.9**　ステップ状の衝撃荷重を受ける固定棒

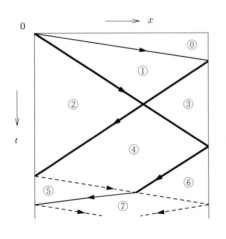

図 **6.10**　ステップ状の衝撃荷重を受ける固定棒の波動伝播解析（その1：衝撃応力 σ_f の値が $\sigma_y < \sigma_f$ の場合，太実線は塑性波）

は発生しない。自由端から固定端に伝播する塑性波は，固定端においては同じく塑性波として反射する。そして，固定端から最初に反射した塑性波は，自由端において引張弾性波となり反射する。この引張弾性波は，固定端から来る塑性波と出会い応力レベルを下げる働きをするので，この時点で塑性波は消滅する。この引張弾性波と圧縮塑性波が出会う位置では，それぞれ引張弾性波と圧縮弾性波として透過していくものとする。

そこで，各領域における応力と変位速度を順次求めていくと，以下のようになる。

【領域⓪】　$\sigma_0 = v_0 = 0$

【領域①】　$\sigma_1 = -\sigma_y, \qquad v_1 = \dfrac{\sigma_y}{\rho c_e}$

【領域②】　$\sigma_2 = -\sigma_f, \qquad v_2 = \dfrac{\sigma_y}{\rho c_e} + \dfrac{\sigma_p}{\rho c_p}$

ここで，$\sigma_p = \sigma_f - \sigma_y$ である。

【領域③】　領域①から領域③への応力の増分は，塑性波が通過することおよび式 (6.11) と波動の伝播方向を考慮すれば

$$\sigma_3 - \sigma_1 = +\rho c_p (v_3 - v_1)$$

となるので，領域①の値と $v_3 = 0$ を用いて，σ_3 がつぎのように求められる。

$$\sigma_3 = -\left(1 + \frac{c_p}{c_e}\right)\sigma_y$$

【領域④】　この領域は棒の両端面に接していないので，領域②と領域③の応力の増分を計算して求める必要がある。領域②から領域④への応力の増分は，到達する波動が塑性波であることおよびその伝播方向を考慮すると

$$\sigma_4 - \sigma_2 = +\rho c_p (v_4 - v_2)$$

となり，領域③から領域④への応力の増分は，応力波の伝播方向を考慮すれば

$$\sigma_4 - \sigma_3 = -\rho c_p (v_4 - v_3)$$

となるので，領域④の応力と変位速度を，上式との連立方程式として領域②と領域③の値を使って求めれば，つぎのようになる。

$$\sigma_4 = -\left(1 + \frac{c_p}{c_e}\right)\sigma_y - \sigma_p, \qquad v_4 = \frac{\sigma_p}{\rho c_p}$$

【領域⑤】　この領域の領域④からの増分は，到達する弾性波とその伝播方向を考慮して

$$\sigma_5 - \sigma_4 = -\rho c_e(v_5 - v_4)$$

となる。ここで，σ_5 は荷重と等しいので，$\sigma_5 = -(\sigma_y + \sigma_p)$ であるから，領域④の値を用いて v_5 がつぎのように求められる。

$$v_5 = \frac{\sigma_p}{\rho c_p} - \frac{c_p}{c_e}\frac{\sigma_y}{\rho c_e}$$

【領域⑥】　同様にして応力増分は

$$\sigma_6 - \sigma_4 = +\rho c_p(v_6 - v_4)$$

となり，$v_6 = 0$ より σ_6 はつぎのようになる。

$$\sigma_6 = -\left(1 + \frac{c_p}{c_e}\right)\sigma_y - 2\sigma_p$$

【領域⑦】　この領域は弾性波に囲まれて棒の両端面と接していないので，つぎのような連立方程式を立てて解く必要がある。

$$\sigma_7 - \sigma_5 = +\rho c_e(v_7 - v_5), \qquad \sigma_7 - \sigma_6 = -\rho c_e(v_7 - v_6)$$

これを解けば，応力と変位速度がつぎのように求められる。

$$\sigma_7 = -\sigma_y - \left(3 + \frac{c_e}{c_p}\right)\frac{\sigma_p}{2}, \qquad v_7 = -\frac{c_p}{c_e}\frac{\sigma_y}{\rho c_e} + \frac{\sigma_p}{2\rho c_p}\left(1 - \frac{c_p}{c_e}\right)$$

以上のようにして，各領域の応力と変位速度を求めた結果をまとめれば，**表6.2** のようになる。この表を参考に，時間を固定して棒中の応力分布を求めたり，位置を固定して応力の時間変動を求めたりすることができる。

表 6.2　ステップ状の衝撃荷重を受ける固定棒（各領域における応力と変位速度）

領域	応　　　力	変 位 速 度
⓪	0	0
①	$-\sigma_y$	$\dfrac{\sigma_y}{\rho c_e}$
②	$-(\sigma_y + \sigma_p)$	$\dfrac{\sigma_y}{\rho c_e} + \dfrac{\sigma_p}{\rho c_p}$
③	$-\left(1 + \dfrac{c_p}{c_e}\right)\sigma_y$	0
④	$-\left(1 + \dfrac{c_p}{c_e}\right)\sigma_y - \sigma_p$	$\dfrac{\sigma_p}{\rho c_p}$
⑤	$-(\sigma_y + \sigma_p)$	$\dfrac{\sigma_p}{\rho c_p} - \dfrac{c_p}{c_e}\dfrac{\sigma_y}{\rho c_e}$
⑥	$-\left(1 + \dfrac{c_p}{c_e}\right)\sigma_y - 2\sigma_p$	0
⑦	$-\sigma_y - \left(3 + \dfrac{c_e}{c_p}\right)\dfrac{\sigma_p}{2}$	$-\dfrac{c_p}{c_e}\dfrac{\sigma_y}{\rho c_e} + \dfrac{\sigma_p}{2\rho c_p}\left(1 - \dfrac{c_p}{c_e}\right)$

【考　察】

　自由端に作用する衝撃応力 σ_f の値が，$\sigma_y/2 < \sigma_f < \sigma_y$ の場合はどのようになるか考えてみよう。

〈ヒント〉

　この場合，自由端から伝播するのは弾性波だけであるが，この波が固定端に達すると棒が弾性体であれば応力は 2 倍の大きさになる。しかし，この場合応力が 2 倍になると降伏応力を超えるので，固定端では大きさ σ_y の弾性波と塑性波が同時に反射することになる。下図を参照のこと。

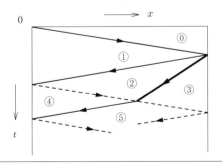

図　ステップ状の衝撃荷重を受ける固定棒の波動伝播解析（その 2：衝撃応力 σ_f の値が $\sigma_y/2 < \sigma_f < \sigma_y$ の場合，太実線は塑性波）

6.1.4 剛体壁に衝突する棒の弾塑性応答

図 **6.11** のように，長さ ℓ の棒が速度 V_0 で剛体壁に衝突し，以後棒は離反しない問題を考える。衝突速度 V_0 が $\sigma_y/\rho c_e$ 以下の場合は塑性波が発生せず，弾性応答になるので，ここではこれ以上の速度で衝突する場合を考える。棒中の弾塑性波の伝播を解析すると，図 **6.12** のようになる。すなわち，衝突後に衝突端から弾性波と塑性波が同時に伝播を始める。まず，領域⓪では以下のとおり応力は 0 であり，変位速度は座標の向きを考慮すれば $-V_0$ となる。

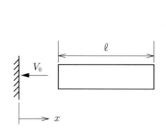

図 **6.11** 剛体壁に衝突する有限長棒

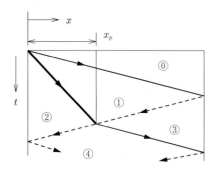

図 **6.12** 棒中における弾塑性波の伝播
（剛体壁衝突，太実線は塑性波）

【領域⓪】 $\sigma_0 = 0,\ v_0 = -V_0$

【領域①】 この領域では，弾性限度応力 σ_y の大きさの圧縮応力波が通過するので，応力および変位速度はそれぞれつぎのようになる。

$$\sigma_1 = -\sigma_y, \qquad v_1 = -V_0 + \frac{\sigma_y}{\rho c_e}$$

【領域②】 領域②では塑性波が通過するので，応力増分は，式 (6.11) と応力の伝播方向を考慮すれば，つぎのようになる。

$$\sigma_2 - \sigma_1 = -\rho c_p (v_2 - v_1)$$

ここで，領域②は固定端に接しているので $v_2 = 0$ であり，領域①の値を用いて

$$\sigma_2 = -\left(1 - \frac{c_p}{c_e}\right)\sigma_y - \rho c_p V_0$$

が得られる。

【領域③】　この領域の応力の領域①からの増分は，自由端から引張弾性波が到達することおよび伝播方向を考慮すれば，次式が得られる。

$$\sigma_3 - \sigma_1 = +\rho c_e(v_3 - v_1)$$

ここで，領域③は棒の自由端に接しているので $\sigma_3 = 0$ である。したがって，領域①の値を用いれば，次式が得られる。

$$v_3 = -V_0 + 2\frac{\sigma_y}{\rho c_e}$$

【領域④】　この領域は棒の端に接している部分がないので，領域②からの応力増分についての式と，領域③からの応力増分についての式を連立させ，応力と変位速度を求めることになる。いずれも，領域④へ到達する弾性波とその伝播方向を考慮すれば，次式が得られる。

$$\sigma_4 - \sigma_2 = +\rho c_e(v_4 - v_2), \qquad \sigma_4 - \sigma_3 = -\rho c_e(v_4 - v_3)$$

これを解けば，領域④の値が次式のように得られる。

$$\sigma_4 = \frac{\sigma_y}{2}\left(1 + \frac{c_p}{c_e}\right) - \frac{\rho V_0}{2}(c_e + c_p),$$
$$v_4 = \frac{\sigma_y}{2\rho c_e}\left(3 - \frac{c_p}{c_e}\right) - \frac{V_0}{2}\left(1 - \frac{c_p}{c_e}\right)$$

以上のようにして，各領域の応力と変位速度を求めた結果をまとめれば，**表6.3** のようになる。この表を参考に，時間を固定して棒中の応力分布を求めたり，位置を固定して応力の時間変動を求めたりすることができる。

自由端で反射して固定端に戻ってくる波は，引張りの弾性波であるから徐荷波となって固定端から距離 x_p の位置で塑性波と出会い，塑性波を消滅させる働きをすることになる。

距離 x_p は，図 6.12 の幾何学的関係から，つぎのように求められる。

$$x_p = \frac{2c_p\ell}{c_e + c_p} \tag{6.15}$$

表 6.3　各領域における応力と変位速度（剛体壁衝突）

領域	応　　　力	変 位 速 度
⓪	0	$-V_0$
①	$-\sigma_y$	$-V_0 + \dfrac{\sigma_y}{\rho c_e}$
②	$-\sigma_y\left(1 - \dfrac{c_p}{c_e}\right) - \rho c_p V_0$	0
③	0	$-V_0 + 2\dfrac{\sigma_y}{\rho c_e}$
④	$\dfrac{\sigma_y}{2}\left(1 + \dfrac{c_p}{c_e}\right) - \dfrac{\rho V_0}{2}(c_e + c_p)$	$\dfrac{\sigma_y}{2\rho c_e}\left(3 - \dfrac{c_p}{c_e}\right) - \dfrac{V_0}{2}\left(1 - \dfrac{c_p}{c_e}\right)$

　以上の解析は，棒の自由端からの除荷波により塑性波が消滅するものと仮定した場合の例であり，衝突速度がきわめて高くなるとこの仮定は成立しなくなることがある。

【考　察】

①　図 6.12 における領域②と領域④の境界の波動が，引張応力波で正しいか吟味してみよう。また領域③と領域④の境界の波動についても，圧縮応力波で正しいか吟味してみよう。

〈ヒント〉

表 6.3 の値を使って調べることができる。

②　$0 \leqq x \leqq x_p$ の範囲に残留する圧縮の塑性ひずみ $\varepsilon_p\ (>0)$ を計算してみよう。

6.2　衝撃速度が高い場合の材料の挙動（ひずみ速度の影響）

　前章までは，衝撃速度が低く材料は弾性域に留まっていて，降伏応力もしくは耐力を超えないことを前提として，応力を解析する方法を示してきた。当然のことながら，衝撃速度が高くなれば図 6.1 に示す材料の弾性限度，すなわち降伏応力 σ_y を超えて塑性変形を生ずることになる。そこで 6.1 節では，棒が強い縦衝撃を受けて材料の弾性限度を超える場合について，応力を解析する方法を示した。

しかし，材料によっては衝撃速度が高くなると静的な材料試験によって得られた応力-ひずみ関係とは異なる挙動を示すことがある。例えば，図 6.1 が静的な引張試験により得られた応力-ひずみ関係であるとすると，高い衝撃速度，すなわちひずみが急激に増加する場合では，材料によっては降伏応力が静的な σ_y より上昇し，結果としてその材料の降伏予想を覆すことが実験的に確認されている。

このような材料はひずみ速度依存性を有する材料と定義され，応力-ひずみ関係がひずみ速度 $\dot{\varepsilon}$，すなわち $d\varepsilon/dt$ の関数として記述されることになる。このようなひずみ速度依存性を考慮した材料特性は，多くの研究者により実験的に求められてきているが，最も基本的で実用的な例として，つぎのような実験式が提案されている。

$$\frac{\sigma_d}{\sigma_s} = 1 + \left(\frac{\dot{\varepsilon}}{c}\right)^{1/p} \tag{6.16}$$

ここで，σ_d は衝撃下における応力，σ_s は静的な応力，$\dot{\varepsilon}$ はひずみ速度，c および p は実験定数である。この式からわかるように，ひずみの増加が急激になれば $\dot{\varepsilon}$ が大きくなり，応力 σ_d は静的な場合の σ_s より大きくなる。

具体的にひずみ速度依存性の影響を見るため，有限要素法による数値計算を行ってみた。**図 6.13**[†] は，直径 15 mm，長さ 300 mm の丸棒が，速度 32.2 m/s で剛な壁に衝突した場合の，棒の衝突端から 45 mm の位置における応力の応答を示したものである。数値計算では，棒の材質はアルミニウム合金を想定し，質量密度は $\rho = 2.7 \times 10^3 \, \text{kg/m}^3$ とし，応力-ひずみ関係は，図 6.1 のような弾線形硬化体として，縦弾性係数は $E = 71 \, \text{GPa}$，硬化係数は $F = 0.71 \, \text{GPa}$，降伏応力は $\sigma_y = 320 \, \text{MPa}$，ポアソン比は $\nu = 0.3$ とした。したがって，棒中を伝播する弾性波の速度は $c_e = 5130 \, \text{m/s}$ となり，塑性波の速度は $c_p = 51.3 \, \text{m/s}$ となる。また，数値計算に用いたソルバは LS–DYNA（R10.1 SMP），メッシュ分割は，**図 6.14** に示すような節点数 233 188，要素数 221 400，メッシュサイ

[†]　伊藤忠テクノソリューションズ 提供。以下，同出典図面には，図説に肩付きアステリスク（*）を記載。

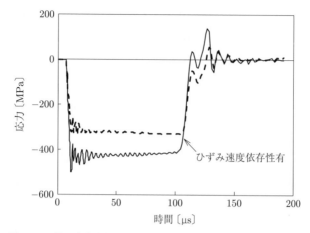

図 6.13　棒の応力応答におけるひずみ速度依存性（$x = 45\,\mathrm{mm}$）*

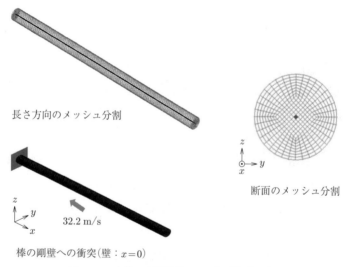

長さ方向のメッシュ分割

断面のメッシュ分割

32.2 m/s

棒の剛壁への衝突（壁：$x = 0$）

図 6.14　丸棒の有限要素モデルと剛体壁衝突*

ズ 0.5 mm である。

　図 6.13 には，ひずみ速度の影響を考慮していない場合の応力（破線）と，ひずみ速度の影響を考慮した場合の応力（実線）の双方を載せている。ひずみ速度を考慮した場合の応力は，ひずみ速度の影響を考慮しない場合の応力に比べて

明瞭に大きくなっているのがわかる。このときの棒に残った塑性ひずみの分布を計算した結果を示したものが，**図 6.15** である。ひずみ速度の影響を考慮すると，残留塑性ひずみの大きさがきわめて小さくなり，その残留範囲も衝突端の近傍に限定されていることがわかる。なお，図 6.13 に示した応力は，$x = 45\,\mathrm{mm}$ の断面におけるすべての要素の平均値を求めて示している。なぜなら，三次元形状の棒では断面の中心部と表面とで応力の大きさが異なっているのが普通なので，平均値で示したほうが適切と思われるからである。なお，ひずみ速度の影響を考慮した場合の計算では，式 (6.16) のパラメータは $c = 6\,500\,\mathrm{s}^{-1}$，$p = 4.0$ とした。

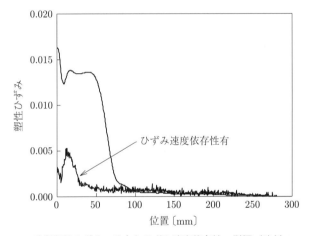

図 6.15 残留塑性ひずみの分布とひずみ速度依存性の影響（時刻 $200\,\mu\mathrm{s}$）*

ここで示した結果は，剛な壁に $32.2\,\mathrm{m/s}$ で衝突した場合の結果であり，時速に換算すれば $110\,\mathrm{km/h}$ である。これは，同じインピーダンスの棒と棒の衝突を想定すると相対衝突速度 $220\,\mathrm{km/h}$ に相当するので，非常に高速な衝撃現象になる。このような場合では，材料によってはひずみ速度の影響を考慮した解析をしないと，見積もりを誤る恐れがある。身近な材料としては，鉄鋼がひずみ速度の影響が大きい材料として知られている。

　図 **6.16** には，棒の衝撃端から 15 mm と 45 mm の位置におけるひずみ速度の時間変化を，参考のため示した。これから，ひずみ速度は時間の経過とともに小さくなり，また衝撃点から離れるに従っても小さくなることがわかる。つまり，ひずみ速度の影響は，衝撃点の近傍と時間初期において顕著に現れる傾向があることがわかる。

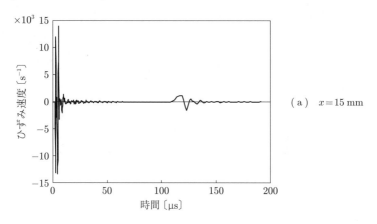

（a）　$x = 15$ mm

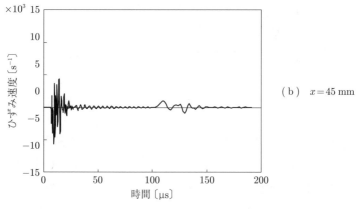

（b）　$x = 45$ mm

図 6.16　ひずみ速度の時間変動*

理論解析の適用性

　基礎編で展開してきた理論がどの程度の実用性をもっているのか気になるところである。そこで本章では，理論の適用性について考えることにするが，基礎編のすべての理論について調べるのは簡単なことではないので，棒の縦衝撃理論と梁の曲げ衝撃理論に的を絞って調べることにする。適用性を調べる手段としては，実験と有限要素法（finite element method, FEM）による解析を採用することにした。

7.1　棒の縦衝撃理論の検証

　棒の縦衝撃理論の検証を行う具体的な棒の縦衝撃問題として，つぎのような棒と棒による二体衝突問題を取り上げ，実験結果との比較をすることにした。また，有限要素法との比較では棒単体の弾塑性衝撃応答問題を取り上げた。

（I）　インピーダンスが同じ棒の二体衝突問題

　　（i）　自由棒と自由棒の衝突問題

　　（ii）　自由棒と固定棒の衝突問題

（II）　インピーダンスが異なる自由棒の二体衝突問題

　本書で対象としている棒の縦衝撃理論における最大の仮定は，棒を一次元の細長い棒とした点であり，この仮定が実際現象にどの程度の影響を与えるかを調べたい。まず（I）の問題では，境界の影響を除いて棒の縦衝撃によって伝播する波動伝播現象が，一次元の現象として扱えるかどうかが（i）によりわかり，棒の一端が固定されている場合の境界の影響を，理論がどの程度表し得るかが（ii）によりわかると思われる。つぎに（II）の問題では，インピーダンスの異な

る二本の棒の間で波動の反射と透過が起こるが，ここでは波動を一次元とした影響，すなわちそれによる誤差が顕著に現れると考えられる。そこで，これらの問題について実験を行い，それを理論解析結果と比較すれば，理論の適用性が別の角度から明らかになると考えられる。

7.1.1　インピーダンスが同じ二本の棒の衝突（実験との比較）

〔1〕　**自由棒と自由棒の場合**　　図 7.1 のように，断面積が同じで長さだけが異なるアルミニウム合金（縦弾性係数：71.0 GPa，密度：$2.70 \times 10^3 \, \mathrm{kg/m^3}$）製の丸棒 I（長さ：0.5 m，直径：15 mm）と丸棒 II（長さ：2 m，直径：15 mm）を用いて，衝突速度 4.4 m/s で実験を行った。計測については，棒 II の中央に貼付したひずみゲージ（二枚直列）によりひずみの時間変化を計測し，これに縦弾性係数を乗じて応力の時間変化とし，**図 7.2**† に示した。この図には，理論解析結果も破線により示されているが，これは基礎編 3 章の図 3.13 と同様にして求められる。

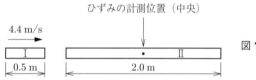

ひずみの計測位置（中央）

4.4 m/s

I　　　　　　　　　　　　II

0.5 m　　　　　　　　　2.0 m

図 7.1　自由棒と自由
棒の衝突

実験では，棒 II の長さが棒 I の 4 倍であり，波動（応力波）の伝播速度は 3 章の表 3.1 から 5 120 m/s となるので，図中の破線のようになる。すなわち，圧縮の応力波の伝播により，衝突後 200 μs 付近（= 1.0 m/5 110 m/s）の時間において計測点の応力が立ち上がり，その持続時間は，応力波が棒 I を往復する時間の約 200 μs となっている。すなわち，棒 I 中を圧縮応力波が伝播し，棒 I の反対側の自由端で引張応力波となって反射し，400 μs 付近（= 2.0 m/5 110 m/s）で計測点に到達し，圧縮応力が除荷されて 0 となっている。以後，同様な応力波の伝播と反射を繰り返している。また，計測点の応力波は理論結果のような

†　名古屋工業大学 西田政弘研究室 提供。以下，同出典図面には，図説に肩付き二重アステリスク（**）を記載。

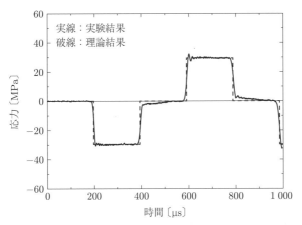

図 **7.2** 棒 II の中央における応力の時間変動**

ステップ状の変化はせず，10 µs 程度の立上り時間を要しているが，全体として
実験とよく一致しており，理論結果が実際現象をよく表しているといえる。

〔**2**〕　**自由棒と固定棒の場合**　　図 7.1 に対してここでは，**図 7.3** のように
棒 II の反対側が固定されている場合を考える。実験に使用した棒は，先の〔1〕
で使用したものと同じで，固定方法は**図 7.4** を実現するために棒 II の右端に鉄

図 **7.3** 棒の固定部**

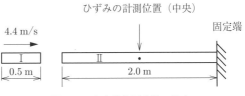

図 **7.4** 自由棒と固定棒の衝突

鋼の塊（8 kg，およそ 160 mm × 160 mm × 40 mm）を 2 枚置くことで対応し，衝突速度は〔1〕の場合と同じ 4.4 m/s とした。実験結果は，**図 7.5** に示すとおりであり，図中の破線は理論解析結果である。この理論解析結果は，**図 7.6** の

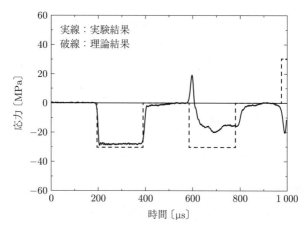

図 7.5 棒 II の中央における応力の時間変動**

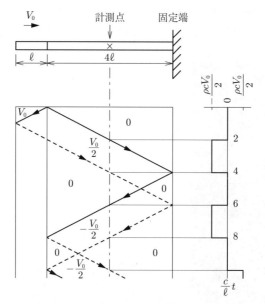

図 7.6 理論解析結果（図式解法）

ような図式解法から求められる。

実験結果は，応力波が棒 II の固定部から反射波が戻ってくる 600 μs までは，〔1〕と同様に理論結果とよく一致しているが，その反射波がいったん到達すると応力の応答には固定部の影響が反映され，実験の値は理論の半分程度になっている。これは実験の固定部が「理論の固定端」とはかなり異なっていることを表している。すなわち，応力波のエネルギーが少なからず鉄塊へ透過してしまっているのである。また，実験の 600 μs 付近の波形には引張りのスパイクが見られるが，これは棒の端が鉄塊と密着していないため，圧縮波の一部が引張波となって反射し，伝播してきたためと考えられる。

7.1.2 インピーダンスが異なる二本の棒の衝突（実験との比較）

棒中の波動伝播を一次元と仮定したことの妥当性が問われる問題の例として，**図 7.7** のように，材質は同じであるが断面積が異なる二本の自由棒の衝突問題を取り上げ，実験による検証を行った。例えば，棒 I の断面積は棒 II の 2 倍であるとすれば，棒 I のインピーダンスは棒 II のインピーダンスの 2 倍になる。

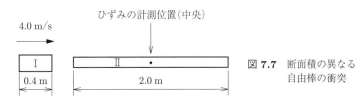

図 7.7 断面積の異なる自由棒の衝突

実験で使用した丸棒は，アルミニウム合金製（縦弾性係数：71.0 GPa，密度：$2.70 \times 10^3 \text{ kg/m}^3$）で，I が直径 20 mm，長さ 0.4 m，II が直径 15 mm，長さ 2 m，衝突速度は 4.0 m/s（$= V_0$）とした。棒 II の中央にひずみゲージを貼付し，測定されたひずみに縦弾性係数を乗ずることにより応力とした。

実験による応力の時間応答は**図 7.8** のようになり，7.1.1 項の結果に比べて応力波が頻繁に通過している様子が見られる。

一方，この問題における波動伝播を図式的に理論解析してみよう。棒 I と棒 II の断面積比は 16/9 になるので，インピーダンス比も $I_1/I_2 = 16/9$ になる。

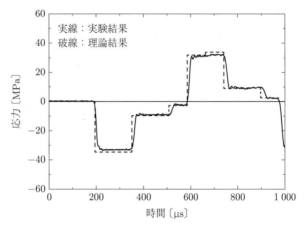

図 7.8 棒 II の中央における応力の時間応答[**]

したがって，応力波が棒 I から棒 II へ伝播する場合の反射率 α_{12} および透過率 β_{12}，棒 II から棒 I へ伝播する場合の反射率 α_{21} および透過率 β_{21} は，3 章の式 (3.6) により以下のようになる。

$$\alpha_{12} = -\frac{7}{25}, \qquad \beta_{12} = \frac{32}{25},$$
$$\alpha_{21} = \frac{7}{25}, \qquad \beta_{21} = \frac{18}{25} \tag{7.1}$$

棒 I の衝突速度を V_0 とすると，衝突時に棒 I 側に発生する応力 σ_1 はつぎのようになる。

$$\sigma_1 = -\frac{9}{25}\rho c V_0 \tag{7.2}$$

一方，棒 II 側に発生する応力 σ_2 は断面積に逆比例してつぎのようになる。

$$\sigma_2 = -\frac{16}{25}\rho c V_0 \tag{7.3}$$

棒 I 側で発生した圧縮応力波は，自由端で反射して引張応力波となり衝突面に達するが，ここでインピーダンスギャップがあるので，式 (7.1) により

$$-\frac{9}{25} \times \frac{7}{25}\rho c V_0$$

の圧縮応力波が反射し

$$\frac{9}{25} \times \frac{32}{25} \rho c V_0$$

の引張応力波が透過する。つぎに，反射した圧縮応力波は自由端で反射した後，衝突面に到達し

$$\frac{9}{25} \times \frac{7}{25} \times \frac{32}{25} \rho c V_0$$

の引張応力波として透過する。以後，同様にして棒中の応力波の伝播を図に示すと**図 7.9** のようになり，棒 II の計測点における応力の時間変化が求められる。ただし，図 7.9 ではスペースが狭いので $\rho c V_0 (= \sigma_0)$ に乗ずる数値だけを示している。

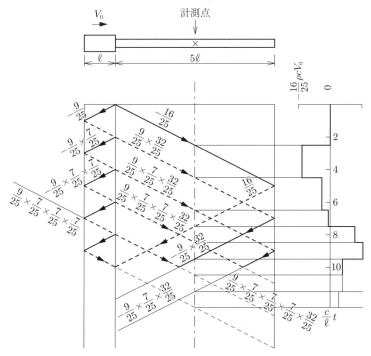

図 7.9 理論解析結果（図式解法）

この結果を実験結果と比較するために載せた理論値が図 7.8 の破線になるが，実験結果と驚くほどよく一致しているのがわかる。

7.1.3 弾性限度を超える棒の衝突（有限要素法との比較）

前項では，棒の縦衝撃について実験結果と比較することにより，理論の適用性について示した。ここでは，6 章の 6.1 節に関連して，弾性限度を超える場合について，有限要素法による解析結果と理論値を比較することにより，理論の適用性について示すことにする。

具体的な問題として，**図 7.10** のような 6 章の 6.2 節で扱ったアルミニウム合金製の丸棒が剛な壁に高速で衝突する問題により，検討を行う。問題の設定条件を改めてまとめて示すと，以下のようになる。その他，有限要素法モデルについては 6.2 節と同様である。

丸棒形状：直径は 15 mm，長さは 300 mm

材料特性：$E = 71\,\text{GPa}$，$F = 0.71\,\text{GPa}$，$\nu = 0.3$，$\rho = 2.7 \times 10^3\,\text{kg/m}^3$，

$\qquad\qquad \sigma_y = 320\,\text{MPa}$，$c_e = 5\,130\,\text{m/s}$，$c_p = 513\,\text{m/s}$

衝突速度：32.2 m/s

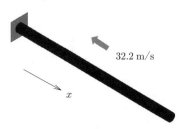

32.2 m/s

x

図 7.10 丸棒の有限要素モデルによる衝突シミュレーション*

これらの条件により，棒の $x = 45\,\text{mm}$ における応力の時間応答は，図 6.12 および表 6.3 から求められ，**図 7.11** のようになる。仮にこの棒が降伏しないものとして，衝突時に発生する衝突端の応力を $\rho c_e V_0$ により計算すると，446 MPa となって，上記の降伏応力を超えており，この問題では弾塑性応答になることがわかる。理論的な塑性変形の領域を式 (6.15) から計算すると，**図 7.12** に示すように衝突端から $x_p = 54.5\,\text{mm}$ となる。有限要素法では，70 mm 程度の範

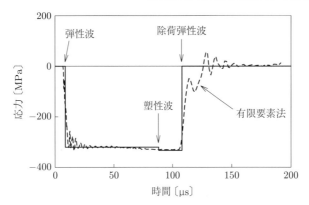

図 7.11 剛壁に衝突する棒の弾塑性応力の応答*
（図式解法と有限要素法の比較）

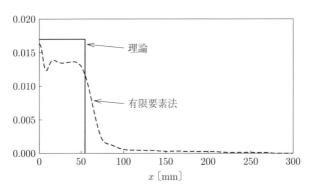

図 7.12 丸棒中に残る塑性ひずみの分布（時刻：$t = 200\,\mu\mathrm{s}$,
図式解法と有限要素法の比較）*

囲まで大きな塑性ひずみが見られる。しかし，ひずみの距離による積分量（仕事量と相関）はほぼ同じになっていることがわかる。

理論では一次元の波動伝播を仮定しているのに対し，有限要素法では三次元モデルを用いて計算しておりこの点で大きな差があるが，塑性変形の領域は 20% 程度の差に留まっており，実際にはさほど大きな差とはなっていないことがわかる。また理論では，$x = 45\,\mathrm{mm}$ の位置に弾性波が到着するのは $8.8\,\mu\mathrm{s}$，塑性波が到着するのは $88\,\mu\mathrm{s}$ であり，除荷の引張弾性波は $108\,\mu\mathrm{s}$ に到着する。塑性波の大きさは表 6.3 から求められ $-12.6\,\mathrm{MPa}$ となり，弾性波の大きさ $-320\,\mathrm{MPa}$

に比べて非常に小さいが，塑性ひずみの量は 0.0175〔6.1.2 項の考察 参照〕であり，十分に大きな値となっている。棒の一次元理論による解析と有限要素法解析とでは棒の変形の自由度において大きな差があるが，これらの結果は，簡単な理論解析でも大体の予測は可能であることを示しているといえる。

7.2　梁の曲げ衝撃理論の検証（有限要素法との比較）

梁の曲げ衝撃理論の検証を行う具体的な問題として，**図 7.13** のように，両端単純支持梁の中央に集中衝撃荷重が作用する問題を取り上げ，有限要素法による数値解析と理論解析とを比較することにした。

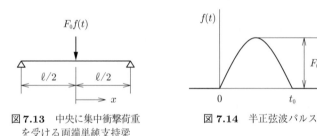

図 7.13　中央に集中衝撃荷重　　　　**図 7.14**　半正弦波パルス
を受ける両端単純支持梁

作用する衝撃荷重は，つぎのような式で定義される半正弦波パルスとし（**図 7.14**），数値解析結果の発散を抑制するため，荷重変動における不連続がないように配慮した。

(I)　$0 \leq t \leq t_0$ において　$f(t) = F_0 \sin \dfrac{\pi}{t_0} t$

(II)　$t_0 \leq t$ において　$f(t) = 0$

梁理論による結果については，基礎編 4 章の式 (4.49)，および式 (4.110)〜(4.111) を使って数値計算をすればよい。

一方，有限要素法による数値計算においては，梁や荷重の諸元に数値を与えなければならない。そこで，梁は断面が 10 mm × 10 mm の正方形とし，長さは 200 mm と 400 mm の 2 種類とし，材質はアルミニウム合金とした。また，縦弾性係数 $E = 71$ GPa，ポアソン比 $\nu = 0.3$，密度 $\rho = 2.7 \times 10^3$ kg/m^3 とした。

梁に作用する荷重は，理論解析と同じ条件になるよう梁の中央において幅方向に線状に作用する集中線状荷重とし，その合力は $F_0 = 400\,\mathrm{N}$，荷重のパルス幅は $t_0 = 0.2\,\mathrm{ms}, 1\,\mathrm{ms}$ の 2 種類とした（**図 7.15**）。

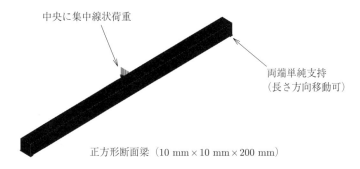

中央に集中線状荷重

両端単純支持
（長さ方向移動可）

正方形断面梁（$10\,\mathrm{mm} \times 10\,\mathrm{mm} \times 200\,\mathrm{mm}$）

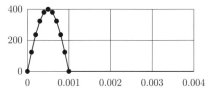

半正弦波パルス荷重（幅：$1\,\mathrm{ms}$，最大値：$400\,\mathrm{N}$）

図 7.15 梁の有限要素モデルによる曲げ衝撃シミュレーション*

梁の**メッシュ分割**は，一辺が $0.5\,\mathrm{mm}$ の正六面体の**ソリッド要素**とし，要素数は $160\,000$，節点数は $176\,841$ である。梁の境界条件は，理論の両端単純支持と同等の両端において，梁下面の高さ方向変位を線状（梁の幅方向）に拘束し，長さ方向および幅方向の変位は自由とした。有限要素法のソルバには LS–DYNA を用いた。

以上の条件の下で数値計算を行い，梁の荷重点の下面中央におけるたわみ w と梁の長さ方向応力 σ_x について，梁理論による結果と比較したのが**図 7.16** および**図 7.17** である。まずたわみについて見ると，荷重のパルス幅を変えても，梁理論による解と有限要素法による解はほとんど重なって見分けがつかないほどよく一致しているのがわかる。一方応力について見ると，荷重のパルス幅が $0.2\,\mathrm{ms}$ のように短くなると差が目立つようになっているが，一次の固有振動周

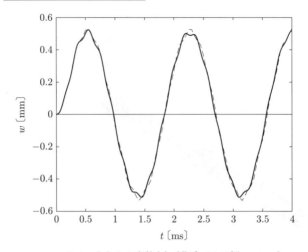

（a） たわみの応答(1)（荷重パルス幅：0.2 ms）

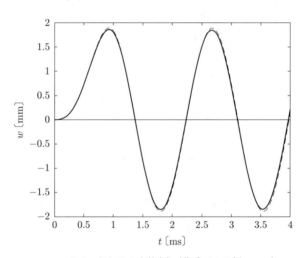

（b） たわみの応答(2)（荷重パルス幅：1 ms）

図 7.16 両端単純支持梁の中央におけるたわみの応答
（梁長：200 mm，破線：梁理論）*

期がほぼ一致しているため，全体的に応答の振幅もよく一致している。二次と
思われる固有振動周期が，梁理論のほうが有限要素法よりも少し短くなってお
り，時間の経過とともにその差が蓄積されてくる。そのため，波形のずれが目

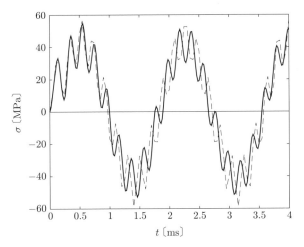

（a）　応力の応答(1)（梁長：200 mm，荷重パルス幅：0.2 ms）

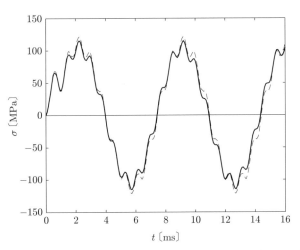

（b）　応力の応答(2)（梁長：400 mm，荷重パルス幅：1 ms）

図 7.17　応力の応答（破線：梁理論）*

立って見えるが，その差はおよそ 5% 以下で決して大きくはない。荷重のパル
ス幅が長くなるとこの差は小さくなり，応答波形全体として非常によい一致を
示している。

　定性的には，梁理論の結果は，高次の固有振動数になるほど変形の周期が短

くなり，精度が落ちてくると考えるのが自然である。したがって，梁の長さが短くなったり高次の振動が励起されるような荷重条件になると精度が下がるのは，やむを得ないことである。その精度低下を定量的に把握することができれば解析結果の価値が高まるので，そういう意味では，この比較で得られた結果は重要な情報である。

7.3　検証のまとめ

　棒の縦衝撃理論に関しては，理論解析結果と実験結果とを比較することができた。その結果，棒端における境界条件が自由の場合は，両者がきわめてよく一致し，棒の長さがここで示した程度であれば，一次元伝播を仮定した棒の理論の実用性が十分にあることがわかった。一方，棒端が理論でいうところの固定条件は，実際の構造物ではインピーダンスが無限大の固定条件はあり得ないので，応力波が固定部で反射してきた時間以降では理論との差が顕著に現れてくるのはやむを得ない。いい方を変えれば，棒の端の条件を正しく表現しそれを解析に取り入れることができれば，理論解析は非常に妥当な結果を示すものと考えられる。

　梁の曲げ衝撃理論の検証では，実験との比較が困難であったので梁の三次元モデルによる有限要素法解析との比較を示した。定性的には，いうまでもなく理論解析と有限要素法解析との差は，高次の振動が励起されやすい梁の形状や荷重条件で大きくなるが，本章ではその差を定量的に示す試みを行った。ここで示した有限要素法解析は，非常に精度の高い解析となっているので，同時に梁理論の精度検証にもなっていると考えられる。また，解析結果は境界条件の影響を強く受けることも明らかになり，梁理論と有限要素法解析が対応するように注意深く解析を行えば，両者はよく一致するものであることがわかる。すなわち，解析にあたっては，外力を正確に見積もることと境界条件をできるかぎり正確に表現することが，解析を行う上できわめて重要であるといえる。

ばね・質点モデルによる衝撃応答解析

本書では，棒・梁・板などの連続体の衝撃応答について，その解析法と数値結果を示すことによって，衝撃現象の基礎的理解を与えることを目的としている。

衝撃応答の数学的解析には，ラプラス変換法を用いるのが最も適切であるので，その手順と深い理解が非常に重要である。しかし，本書ではこれまで，ストーリーを重要視するため，ラプラス変換に関する十分な記述を加えることをあえて控えてきた。そこで，この章では連続体ではなく単純なばね・質点系の衝撃応答を例題として，ラプラス変換とその逆変換，およびその手順についてより詳しく解説する。同時に連続体とばね・質点系との類似性，および相違点について理解を深めてもらい，結果として本書の基本となっている衝撃力学の基となる弾性理論について，その重要性の認識につなげたいと考えている。

8.1 棒のばね・質点系へのモデル化と衝撃応答解析
（一自由度の場合）

縦衝撃を受ける棒を，一自由度のばね・質点系に置き換える方法について考える。図 8.1 のように一端が固定され，自由端に衝撃荷重が作用する棒を，ばね定数 k_s と質量 m_s を有する一自由度系に置き換えるものとする。そして，k_s および m_s の値を，棒の静的な荷重・変位関係および固有振動数によって決定する方法を採用する。

まず，棒の先端に静荷重 F_0 が働いた場合の先端の変位 u は，次式により与えられる。

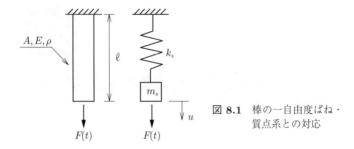

図 **8.1** 棒の一自由度ばね・質点系との対応

$$u = \frac{F_0 \ell}{AE} \tag{8.1}$$

一方，荷重 F_0 を受けるばねの伸び u はつぎのようになる。

$$u = \frac{F_0}{k_s} \tag{8.2}$$

ばね定数 k_s は，式 (8.2) を式 (8.1) に代入することにより得られ，つぎのようになる。

$$k_s = \frac{AE}{\ell} \tag{8.3}$$

つぎに，一端固定・他端自由棒の n 次の固有角振動数 p_n は，3 章の式 (3.21) によりつぎのように与えられている。

$$\frac{p_n \ell}{c} = \frac{(2n-1)\pi}{2} \tag{8.4}$$

一方，一自由度ばね・質点系の固有角振動数 ω はつぎのようになる。

$$\omega = \sqrt{\frac{k_s}{m_s}} \tag{8.5}$$

この固有振動数 ω と式 (8.4) から得られる 1 次の固有振動数 p_1 とを等置すれば，m_s はつぎのようになる。

$$m_s = \frac{4\ell^2 k_s}{\pi^2 c^2} \tag{8.6}$$

そして式 (8.3) で与えられる k_s を代入して $c^2 = E/\rho$ の関係を用いれば，m_s が求められつぎのようになる。

$$m_s = \mu m \tag{8.7}$$

ここで，$\mu = 4/\pi^2, m = \rho A \ell$ である。

以上の手続きにより，連続体としての棒を一自由度ばね・質点モデルで近似し，系を同定することができたことになる。

つぎに，この系の運動方程式を導き，その解を求める。

図 8.1 に示すように，質点 m_s に働く荷重を $F(t)$ とすれば，運動方程式は次式で与えられる。

$$m_s \frac{d^2 u}{dt^2} + k_s u = F(t) \tag{8.8}$$

この微分方程式を解く方法としていくつかの手段が考えられるが，ここではラプラス変換法を用いることにする。初期条件として

$$(u)_{t=0} = \left(\frac{du}{dt} \right)_{t=0} = 0 \tag{8.9}$$

が成立するものとして式 (8.8) をラプラス変換すれば，つぎのようになる。

$$(m_s p^2 + k_s) \overline{u} = \overline{F}(p) \tag{8.10}$$

ここで，$\overline{u} = \displaystyle\int_0^\infty u e^{-pt} dt$ である。

作用する荷重 F_0 がステップ関数状に作用する場合は，$F(t) = F_0 H(t)$ となるので，式 (8.10) はつぎのようになる。

$$\overline{u} = \frac{F_0}{m_s p(p^2 + \omega^2)} \tag{8.11}$$

式 (8.10) を $\overline{u}$ について解き，$\sin \omega t$ のラプラス変換が $\omega/(p^2 + \omega^2)$ であることを考慮して，ラプラス変換の合成則により $\overline{u}$ のラプラス逆変換を求めれば次式となる。

$$u = \frac{\omega}{k_s} \int_0^t \sin \omega (t - s) \cdot F(s) ds \tag{8.12}$$

ここで，$\omega = \sqrt{k_s/m_s}$ である。

荷重 F_0 がステップ関数状に作用する場合は，$F(t) = F_0 H(t)$ であるから式 (8.12) はつぎのようになる。

$$u = \frac{F_0}{k_s}(1 - \cos \omega t) \tag{8.13}$$

8.2 棒のばね・質点系へのモデル化と衝撃応答解析 （二自由度の場合）

自由端に衝撃荷重が作用する棒を，図 **8.2** のようにばね定数が $2k_s$ の 2 個の ばねと，2 個の質点 m_1 および m_2 からなる二自由度系に置き換える方法を考 える。

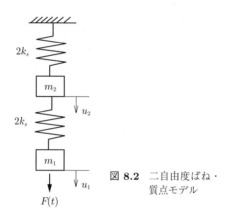

図 **8.2** 二自由度ばね・ 質点モデル

このモデル全体のばね定数は

$$\frac{1}{\dfrac{1}{2k_s} + \dfrac{1}{2k_s}} = k_s \tag{8.14}$$

となり，$k_s = AE/\ell$ とすれば，図 8.1 の一自由度系とまったく等価になる。

そこで，残りの未知量 m_1 および m_2 を式 (8.4) で与えられる固有角振動数 p_n から決定すればよい。図 8.2 の二自由度系の運動方程式はつぎのようになる。

$$\left.\begin{array}{l} m_1 \dfrac{d^2 u_1}{dt^2} + 2k_s(u_1 - u_2) = F(t) \\[2mm] m_2 \dfrac{d^2 u_2}{dt^2} + 2k_s u_2 = 2k_s(u_1 - u_2) \end{array}\right\} \tag{8.15}$$

これを式 (8.9) と同様の初期条件の下でラプラス変換すれば，つぎのようになる。

$$\begin{bmatrix} m_1p^2 + 2k_s & -2k_s \\ -2k_s & m_2p^2 + 4k_s \end{bmatrix} \begin{bmatrix} \overline{u}_1 \\ \overline{u}_2 \end{bmatrix} = \begin{bmatrix} \overline{F}(p) \\ 0 \end{bmatrix} \tag{8.16}$$

さらに，これを $\overline{u}_1$ および $\overline{u}_2$ について解けば，つぎのようになる。

$$\overline{u}_1 = \frac{(m_2p^2 + 4k_s)\overline{F}(p)}{m_1m_2p^4 + 2k_s(2m_1 + m_2)p^2 + 4k_s^2},$$

$$\overline{u}_2 = \frac{2k_s\overline{F}(p)}{m_1m_2p^4 + 2k_s(2m_1 + m_2)p^2 + 4k_s^2} \tag{8.17}$$

荷重 F_0 がステップ関数状に作用する場合は，$F(t) = F_0H(t)$ であるから式 (8.17) はつぎのようになる。

$$\overline{u}_1 = \frac{F_0(m_2p^2 + 4k_s)}{p\{m_1m_2p^4 + 2k_s(2m_1 + m_2)p^2 + 4k_s^2\}},$$

$$\overline{u}_2 = \frac{2F_0k_s}{p\{m_1m_2p^4 + 2k_s(2m_1 + m_2)p^2 + 4k_s^2\}} \tag{8.18}$$

つぎに式 (8.17) のラプラス逆変換について考える。

式 (8.17) の分母を p^2 についての二次関数と見なしてつぎのように表すことができる。

$$\overline{u}_1 = \frac{(m_2p^2 + 4k_s)\overline{F}(P)}{m_1m_2(p^2 + p_1^2)(p^2 + p_2^2)}, \qquad \overline{u}_2 = \frac{2k_s\overline{F}(P)}{m_1m_2(p^2 + p_1^2)(p^2 + p_2^2)} \tag{8.19}$$

ここで，p_1^2 および p_2^2 は分母を零とおいたつぎの方程式 $D(p) = 0$ の根である。

$$D(p) = m_1m_2p^4 + 2k_s(2m_1 + m_2)p^2 + 4k_s^2 = 0 \tag{8.20}$$

すなわち，p_1^2 および p_2^2 はつぎのようになる。

$$p_1^2, p_2^2 = -\frac{k_s}{m_1}(1 + 2\lambda \mp \sqrt{1 + 4\lambda^4}) \tag{8.21}$$

ここで，$\lambda = m_1/m_2$ である。

式 (8.19) をラプラス変換公式が使えるようにつぎのように書くことにする。

$$\overline{u}_1 = \frac{\overline{F}(P)}{m_1 m_2 (p_1^2 - p_2^2)} \left(\frac{m_2 p_1^2 - 4k_s}{p_1} \frac{p_1}{p^2 + p_1^2} - \frac{m_2 p_2^2 - 4k_s}{p_2} \frac{p_2}{p^2 + p_2^2} \right),$$

$$\overline{u}_2 = \frac{2k_s \overline{F}(P)}{m_1 m_2 (p_1^2 - p_2^2)} \left(-\frac{1}{p_1} \frac{p_1}{p^2 + p_1^2} + \frac{1}{p_2} \frac{p_2}{p^2 + p_2^2} \right) \tag{8.22}$$

ここで，$p_n/(p^2 + p_n^2)$ のラプラス逆変換形が $\sin p_n t$ であることを考慮すれば，式 (8.22) のラプラス逆変換は合成則によりつぎのようになる。

$$u_1 = \frac{m_2 p_1^2 - 4k_s}{m_1 m_2 (p_1^2 - p_2^2) p_1} \int_0^t \sin p_1 (t - s) \cdot F(s) ds$$

$$- \frac{m_2 p_2^2 - 4k_s}{m_1 m_2 (p_1^2 - p_2^2) p_2} \int_0^t \sin p_2 (t - s) \cdot F(s) ds,$$

$$u_2 = -\frac{2k_s}{m_1 m_2 (p_1^2 - p_2^2) p_1} \int_0^t \sin p_1 (t - s) \cdot F(s) ds$$

$$+ \frac{2k_s}{m_1 m_2 (p_1^2 - p_2^2) p_2} \int_0^t \sin p_2 (t - s) \cdot F(s) ds \tag{8.23}$$

荷重 F_0 がステップ関数状に作用する場合は，$F(t) = F_0 H(t)$ となり，式 (8.23) はつぎのようになる。

$$u_1 = \frac{m_2 p_1^2 - 4k_s}{m_1 m_2 (p_1^2 - p_2^2) p_1^2} (1 - \cos p_1 t) - \frac{m_2 p_2^2 - 4k_s}{m_1 m_2 (p_1^2 - p_2^2) p_2^2} (1 - \cos p_2 t),$$

$$u_2 = -\frac{2k_s}{m_1 m_2 (p_1^2 - p_2^2) p_1^2} (1 - \cos p_1 t) + \frac{2k_s}{m_1 m_2 (p_1^2 - p_2^2) p_2^2} (1 - \cos p_2 t) \tag{8.24}$$

最後に m_1 および m_2 の同定について考える必要がある。

ここでは，一自由度ばね・質点モデルの場合と同様に，式 (8.4) で与えられる一端固定・他端自由棒の 1 次および 2 次の固有振動数 p_1 および p_2 と等置することにより同定する方法をとることにすれば，つぎの関係式が得られる。

$$\left. \begin{array}{l} p_1^2 = \left(\dfrac{\pi}{2} \dfrac{c}{\ell} \right) = \dfrac{k_s}{m_1} (1 + 2\lambda - \sqrt{1 + 4\lambda^2}) \\[2mm] p_2^2 = \left(\dfrac{3\pi}{2} \dfrac{c}{\ell} \right) = \dfrac{k_s}{m_1} (1 + 2\lambda + \sqrt{1 + 4\lambda^2}) \end{array} \right\} \tag{8.25}$$

これにより λ がつぎのように求められる。

$$\lambda = \frac{16 \pm 5\sqrt{7}}{18} \tag{8.26}$$

以上により, m_1 および m_2 は以下のようになる。

（a）　$m_1 > m_2$ の場合

$$m_1 = \frac{4}{\pi^2} \frac{5 + \sqrt{7}}{9} m \fallingdotseq 0.344\,3m, \qquad m_2 = \frac{8}{\pi^2} \frac{5 - \sqrt{7}}{9} m \fallingdotseq 0.212\,0m$$

（b）　$m_1 < m_2$ の場合

$$m_1 = \frac{4}{\pi^2} \frac{5 - \sqrt{7}}{9} m \fallingdotseq 0.106\,0m, \qquad m_2 = \frac{8}{\pi^2} \frac{5 + \sqrt{7}}{9} m \fallingdotseq 0.688\,6m$$

ここで, $m = \rho A\ell$ である。

このようにモデルの自由度を上げると複数の同等のモデルが存在する。

8.3　コーシーの留数定理によるラプラス逆変換

ラプラス逆変換は次式によって求められる。

$$u = \frac{1}{2\pi i} \int_{\gamma - i\infty}^{\gamma + i\infty} \bar{u} e^{pt} dp \qquad (\gamma > 0) \tag{8.27}$$

これは, 被積分関数 $\bar{u}e^{pt}$ を図 **8.3**（a）に示す直線に沿って無限積分することを意味している。

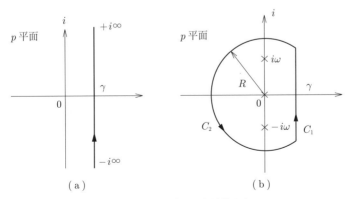

（a）　　　　　　　　　　　　　（b）

図 **8.3**　p 平面内の複素線積分路

そこで，コーシー（Cauchy）の留数定理を用いるために図 8.3 (b) のような一周積分を考えれば，その値は次式のように積分路内の留数 Res の総和に $2\pi i$ を乗ずることにより与えられる。

$$\oint \overline{u}e^{pt}dp = 2\pi i \sum \mathrm{Res}\{\overline{u}e^{pt}\} \tag{8.28}$$

これは，積分路 C_1 と積分路 C_2 とに分けて表せばつぎのようになる。

$$\oint \overline{u}e^{pt}dp = \int_{C_1} \overline{u}e^{pt}dp + \int_{C_2} \overline{u}e^{pt}dp \tag{8.29}$$

もし仮に，一周積分路の半径 R を無限大にしたとき積分路 C_2 に沿っての積分が零になれば，積分の値はラプラス逆変換積分と一致することになる。

すなわち，$R \to \infty$ としたとき積分路は p 複素平面内の第 2 象限と第 3 象限だけになるので積分値は零となる。したがって，式 (8.27) のラプラス逆変換はつぎのようになる。

$$u = \frac{1}{2\pi i} \int_{\gamma-i\infty}^{\gamma+i\infty} \overline{u}e^{pt}dp = \sum \mathrm{Res}\{\overline{u}e^{pt}\} \tag{8.30}$$

8.3.1　一自由度ばね・質点モデルの場合

8.1 節におけるつぎのような式 (8.11) のラプラス逆変換について考える。

$$\overline{u} = \frac{F_0}{m_s p(p^2 + \omega^2)}$$

この式の特異点は $p = 0$，$p = \pm i\omega$ の三点であることは明らかであるので，これらの特異点における留数とそれらの総和を以下のように求めればよいことになる。

（1）　$p = 0$ における留数

$$\mathrm{Res}_{p=0}\{\overline{u}e^{pt}\} = \lim_{p\to 0}\{p\overline{u}e^{pt}\} = \frac{F_0}{k_s} \tag{8.31}$$

（2）　$p = \pm i\omega$ における留数

$$\sum \mathrm{Res}_{p=\pm i\omega}\{\overline{u}e^{pt}\} = \sum \lim_{p\to\pm i\omega}\{[p-(\pm i\omega)]\overline{u}e^{pt}\}$$

$$= \sum \lim_{p \to \pm i\omega} \frac{[p - (\pm i\omega)] F_0 e^{pt}}{m_s p(p^2 + \omega^2)} \tag{8.32}$$

ここで，ロピタルの定理により分母と分子を p で微分し，零となる項を削除することによりつぎのような式が得られる。

$$\sum \operatorname{Res}_{p=\pm i\omega} \{\bar{u}e^{pt}\} = \sum \lim_{p \to \pm i\omega} \frac{F_0 e^{pt}}{2m_s p^2} \tag{8.33}$$

したがって，つぎのような留数を得る。

$$\sum \operatorname{Res}_{p=\pm i\omega} \{\bar{u}e^{pt}\} = -\frac{F_0}{k_s} \cos \omega t \tag{8.34}$$

（3） 留数の総和

上記の留数を足し合わせれば，つぎのようなラプラス逆変換が求められる。

$$u = \frac{F_0}{k_s}(1 - \cos \omega t) \tag{8.35}$$

これは，ラプラス変換公式を利用した逆変換結果である式 (8.13) と一致している。

8.3.2 二自由度ばね・質点モデルの場合

ここでは，8.2 節のつぎのような式 (8.18) についてラプラス逆変換を考える。

$$\bar{u}_1 = \frac{F_0(m_2 p^2 + 4k_s)}{p\{m_1 m_2 p^4 + 2k_s(2m_1 + m_2)p^2 + 4k_s^2\}},$$
$$\bar{u}_2 = \frac{2F_0 k_s}{p\{m_1 m_2 p^4 + 2k_s(2m_1 + m_2)p^2 + 4k_s^2\}}$$

これらの式の特異点は，$p = 0$ および式 (8.21) で定義した $p = \pm ip_1$，$p = \pm ip_2$ の 5 点であることは明らかなので，これらの特異点における留数とそれらの総和を以下のように求めればよいことになる。

（1） $p = 0$ における留数

$$\operatorname{Res}_{p=0}\{\bar{u}_1 e^{pt}\} = \lim_{p \to 0}\{p\bar{u}_1 e^{pt}\} = \frac{F_0}{k_s} \tag{8.36}$$

$$\operatorname{Res}_{p=0}\{\bar{u}_2 e^{pt}\} = \lim_{p \to 0}\{p\bar{u}_2 e^{pt}\} = \frac{F_0}{2k_s} \tag{8.37}$$

（2） $p = \pm i p_1$ における留数

$$\sum_{p=\pm i p_1} \mathrm{Res}\{\bar{u}_1 e^{pt}\} = \sum \lim_{p \to \pm i p_1} \left\{ [p - (\pm i p_1)] \times \bar{u}_1 e^{pt} \right\}$$

$$= \sum \lim_{p \to \pm i p_1} \frac{[p - (\pm i p_1)] F_0 (m_2 p^2 + 4 k_s) e^{pt}}{p \{ m_1 m_2 p^4 + 2 k_s (2 m_1 + m_2) p^2 + 4 k_s^2 \}}$$

ここで，ロピタルの定理により分母と分子を p で微分し，零となる項を削除すれば次式が得られる。

$$\sum_{p=\pm i p_1} \mathrm{Res}\{\bar{u}_1 e^{pt}\} = \sum \lim_{p \to \pm i p_1} \frac{F_0 (m_2 p^2 + 4 k_s) e^{pt}}{4 p^2 \{ m_1 m_2 p^2 + k_s (2 m_1 + m_2) \}}$$

したがって，次式のような留数が得られる。

$$\sum_{p=\pm i p_1} \mathrm{Res}\{\bar{u}_1 e^{pt}\} = -\frac{F_0 (m_2 p_1^2 - 4 k_s) \cos p_1 t}{2 p_1^2 \{ m_1 m_2 p_1^2 - k_s (2 m_1 + m_2) \}} \tag{8.38}$$

同様に $\bar{u}_2$ についても留数を求めればつぎのようになる。

$$\sum_{p=\pm i p_1} \mathrm{Res}\{\bar{u}_2 e^{pt}\} = \frac{F_0 k_s \cos p_1 t}{p_1^2 \{ m_1 m_2 p_1^2 - k_s (2 m_1 + m_2) \}} \tag{8.39}$$

（3） $p = \pm i p_2$ における留数

$p = \pm i p_1$ の場合と同様にして留数を求めればつぎのようになる。

$$\sum_{p=\pm i p_2} \mathrm{Res}\{\bar{u}_1 e^{pt}\} = -\frac{F_0 (m_2 p_2^2 - 4 k_s) \cos p_2 t}{2 p_2^2 \{ m_1 m_2 p_2^2 - k_s (2 m_1 + m_2) \}},$$

$$\sum_{p=\pm i p_2} \mathrm{Res}\{\bar{u}_2 e^{pt}\} = \frac{F_0 k_s \cos p_2 t}{p_2^2 \{ m_1 m_2 p_2^2 - k_s (2 m_1 + m_2) \}} \tag{8.40}$$

（4） 留数の総和

上記の留数を足し合わせれば，つぎのようなラプラス逆変換が求められる。

$$u_1 = \frac{F_0}{k_s} - \frac{F_0}{2} \sum_{n=1}^{2} \frac{(m_2 p_n^2 - 4 k_s) \cos p_n t}{p_n^2 \{ m_1 m_2 p_n^2 - k_s (2 m_1 + m_2) \}},$$

$$u_2 = \frac{F_0}{2 k_s} + F_0 k_s \sum_{n=1}^{2} \frac{\cos p_n t}{p_n^2 \{ m_1 m_2 p_n^2 - k_s (2 m_1 + m_2) \}} \tag{8.41}$$

8.4 数 値 計 算 例

　ここでは，数値計算例として一自由度ばね・質点モデルの結果である式 (8.35) について数値計算し，3 章における棒の結果である式 (3.28) の数値計算結果と比較することにする。どちらも正の値で示したものが，図 **8.4** である。ばね・

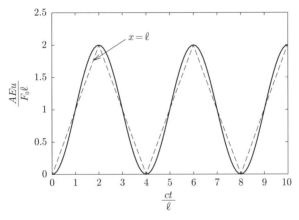

（a）　変 位 の 応 答

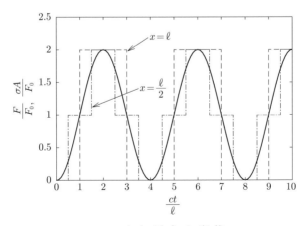

（b）　反 力 の 応 答

図 **8.4**　一自由度ばね・質点系モデルによる解析結果（実線はばね・質点解，破線は棒の理論解）

質点モデルでは変位も反力も同じ波形になるが，棒を連続体として解析した結果は棒の位置によって異なるので，変位では棒の先端，応力では棒の中央と固定部での結果を示している。変位については，ばね・質点モデルは正解をよく表していることがわかる。一方，ばね・質点モデルは棒中を伝播する波動現象を表すことができないので，その応答は大きく異なっている。変位および応力，共に変動の周期は一致しているが，これは固有振動数を棒の解に合わせるように質量を同定したためである。

　ばね・質点モデルの自由度を増やしていけば，徐々に連続体として解析した結果に近づけていくことも可能である。これは，3章の図 3.25 において議論したことと似ている。

付録 A　ヘルツの接触理論

　基礎編において取り扱った棒と棒の衝突問題においては，棒の断面全域にわたり均一な接触圧が作用するという仮定に基づいていた。しかし，実際の多くの衝突現象においては，衝突物体の少なくとも一つは接触点において曲率を有している。この場合，衝突する二物体の衝突点近傍において，局所的な変形が生ずることになる。

　この衝突点近傍の局所的な変形を取り扱う理論として，ヘルツの接触理論がある。この理論では，衝突二物体の幾何学的特性と弾性特性に基づく関数により，衝突点近傍の圧縮変形と接触力の関係を導出している。ヘルツの接触理論は球体と球体，円柱面と円柱面，任意の曲面と曲面に関する一連の結果を与えるが，ここでは基本的な球体と球体の接触について紹介する。

　まず，球体 I と球体 II において，接触による変形がまだない状態である図 **A.1** について，幾何学的関係より球の変形を考える。なお，図に示すように球体 I の曲率半径を R_1，球体 II の曲率半径を R_2 とする。

　ここで，z_1, z_2 を接触平面 CD（荷重 P の作用方向に直角な平面）の法線方向の長

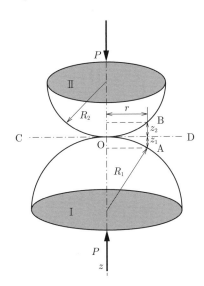

図 **A.1**　球体と球体の接触前の幾何学的関係

さとする。点 O から微小距離 r 離れた点 A および点 B の接触平面 CD からの距離 z_1, z_2 は，幾何学的な相似関係より，それぞれ以下のようになる。

$$\frac{z_1}{r} = \frac{r}{2R_1 - z_1} \approx \frac{r}{2R_1} \quad \therefore \quad z_1 = \frac{r^2}{2R_1} \quad \text{同様に} \quad z_2 = \frac{r^2}{2R_1} \tag{A.1}$$

よって，点 AB 間の距離 $z_1 + z_2$ は以下のように表される。

$$z_1 + z_2 = r^2 \left(\frac{1}{2R_1} + \frac{1}{2R_2} \right) = r^2 \frac{R_1 + R_2}{2R_1 R_2} \tag{A.2}$$

二つの球体の接触に伴い，圧縮力 P が二つの球に作用するとき，接触点近傍表面の微小領域は，接触平面 CD 内に押さえ込まれると見なすことができる。この局部変形による点 A の z 方向の移動量を w_1，点 B の z_2 方向の移動量を w_2 とし，接触物体どうしの圧縮変位を α とすると，AB 間の距離は $\alpha - (w_1 + w_2)$ だけ減少する。さらに圧縮により点 A，点 B が徐々に近づき，最終的に接すると，以下の関係になる。

$$\alpha - (w_1 + w_2) = z_1 + z_2 = r^2 \frac{R_1 + R_2}{2R_1 R_2} \tag{A.3}$$

式 (A.3) を変形すると以下の式が得られる。

$$w_1 + w_2 = \alpha - r^2 \frac{R_1 + R_2}{2R_1 R_2} \tag{A.4}$$

つぎに，接触点 O 近傍における変位と接触圧分布の関係について考える。図 **A.2**(a)

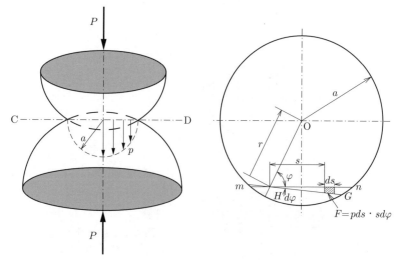

(a)　接触後の半球形状圧力分布　　(b)　接触面内の圧力分布による接触面変形

図 **A.2**　接触面に作用する半球形状圧力分布の仮定

のように球と球を押し付けると，接触点 O の近傍は変形して，接触点 O を中心とした半径 a の領域が接触する。このとき，接触面上の圧力分布も半径 a の半球体で表されると仮定すると，接触面上の任意の点の圧力 p は半球体の縦座標に比例する。

この圧力分布が接触面に作用した際の，接触面変位 w を求めよう。まず，球体と球体の接触領域はきわめて局所的であることから，球体上の一点に作用する荷重による荷重点近傍の変形は，半無限体表面上の一点に作用する集中荷重による荷重点近傍の変形に等しいと仮定できる。そこで，半無限体表面上に集中荷重が作用する場合の変位の弾性解を利用し，その重ね合せにより分布圧力による接触面の変位を求める。

半無限体表面上一点に集中荷重 F が作用する場合，荷重点から s だけ離れた点に生ずる z 方向変位 w は次式で表されることが知られている[†]。

$$w = \frac{1-\nu^2}{E\pi s}F \tag{A.5}$$

これより，図 A.2（ b ）中の，接触面上の点 G に作用する集中荷重 $F = pds \cdot sd\varphi$ によって，接触平面上の点 H に生ずる変位は式 (A.5) より

$$w = \frac{1-\nu^2}{E\pi s}pds \cdot sd\varphi = \frac{1-\nu^2}{E\pi s}pdsd\varphi \tag{A.6}$$

となる。したがって，点 H から r だけ離れた点 O を中心とする半径 a の円形で表せる接触領域内に分布する圧力 p による点 H の変位は，式 (A.6) の 2 重積分により，次式により求められる。

$$w = \frac{1-\nu^2}{E\pi}\iint pdsd\varphi \tag{A.7}$$

これを用いると，球体 I の接触点変位 w_1 と球体 II の変位 w_2 の関係として以下の関係式が得られる。

$$w_1 + w_2 = (k_1 + k_2)\iint pdsd\varphi \tag{A.8}$$

ここで

$$k_1 = \frac{1-\nu_1^2}{E_1\pi}, \qquad k_2 = \frac{1-\nu_2^2}{E_2\pi} \tag{A.9}$$

つぎに，式 (A.4) および式 (A.8) より以下の関係が得られる。

$$(k_1 + k_2)\iint pdsd\varphi = \alpha - r^2\frac{R_1 + R_2}{2R_1R_2} \tag{A.10}$$

[†]　J. Bousinesq：Application des potentiels a l'Etude de l'Equilibre et du Mouvement des Solides Elastiques, Gauthier–Villars (1885)

式 (A.10) を解くためには本式を満たす圧力 p の式が必要である。そこで，圧力 p について以下の仮定を設ける。図 A.2 (a) に示したように，接触面上の圧力 p の分布は半径 a の半球状で分布すると仮定しているため，接触面上の任意の点の圧力 p はその半球体の縦座標に比例する。そこで，接触面の中心 O における圧力を p_0 とすれば

$$p_0 = ka \tag{A.11}$$

と書ける。ここで $k = p_0/a$ は圧力分布を示す尺度を表す比例定数である。

図 A.2 (b) の mn 上の圧力 p の分布は，mn を直径とする半円状に変化するから，φ 一定の下で mn に沿って積分すれば

$$\int p\,ds = \frac{p_0}{a} A \tag{A.12}$$

となる。ここで，A は図 A.2 (a) 内の破線で示された半円の面積で，$\pi(a^2 - r^2 \sin^2 \varphi)/2$ に等しい。式 (A.12) を式 (A.10) に代入すれば

$$\frac{\pi(k_1 + k_2)p_0}{a} \int_0^{\pi/2} \left(a^2 - r^2 \sin^2 \varphi\right) d\varphi = \alpha - r^2 \frac{R_1 + R_2}{2R_1 R_2} \tag{A.13}$$

となり，すなわち，以下の関係が得られる。

$$\frac{\pi^2(k_1 + k_2)p_0}{4a} \left(2a^2 - r^2\right) = \alpha - r^2 \frac{R_1 + R_2}{2R_1 R_2} \tag{A.14}$$

式 (A.14) は r に無関係に成立しなければならないため，変位 α および接触面半径 a は以下のようになる。

$$\alpha = \frac{\pi^2(k_1 + k_2)p_0}{2a} \tag{A.15}$$

$$a = \frac{\pi^2(k_1 + k_2)p_0}{2} \frac{R_1 R_2}{R_1 + R_2} \tag{A.16}$$

さらに，圧縮力 P は，接触面にかかる圧力の総和と等しく，その接触圧力は半径 a の半球状に分布すると仮定しているため，最大接触圧 p_0 は以下のように書ける。

$$p_0 = \frac{3P}{2\pi a^2} \tag{A.17}$$

式 (A.17) を式 (A.15) および式 (A.16) に代入すれば，接触する二つの球について以下の式を得る。

$$a = \sqrt[3]{\frac{3\pi P(k_1 + k_2)}{4} \frac{R_1 R_2}{R_1 + R_2}} \tag{A.18}$$

$$\alpha = \sqrt[3]{\frac{9\pi^2 P^2(k_1 + k_2)^2}{16} \frac{R_1 + R_2}{R_1 R_2}} \tag{A.19}$$

式 (A.19) を変形すると，圧縮力 P と変位 α の関係は以下の関係で表される。

$$P = \sqrt{\frac{16}{9\pi^2(k_1+k_2)^2}\frac{R_1R_2}{R_1+R_2}}\alpha^{3/2} \tag{A.20}$$

仮に球体 I の曲率半径 R_1 が ∞，すなわち曲率半径 $R_2 = R$ の球体 II と平面の接触においては，つぎのようになる。

$$P = \frac{2E\sqrt{R}}{3(1-\nu^2)}\alpha^{3/2} \tag{A.21}$$

ここで，球体と平面（半無限体）は同じ材料であるとし，$\nu_1 = \nu_2 = \nu$，$E_1 = E_2 = E$ としている。

付録B　動的有限要素法の基礎理論

　衝撃が作用する物体の変形状態を解析するためには，平衡方程式，構成式，連続条件式（変位–ひずみ関係式）を，適切な初期条件・境界条件の下で解くことが必要である。しかし，これを解析的に解くことは容易ではなく，本編では，一次元棒，梁，二次元板など，変形状態に対する仮定を与えることにより，これを解析的に解く方法を示した。しかし，任意の形状を有する三次元問題において，これを解析的に解くことはできない。そこで，近似解法として，種々の計算力学的手法が開発されており，特に有限要素法が広く用いられている。有限要素法は，二階微分方程式を積分方程式に変換して記述したのちに，解析対象領域を離散化することにより，近似的に解く方法である。本付録では，三次元動的有限要素法の基礎理論について，これらのおおよその考え方について記述する。

B.1　基　礎　方　程　式

　基礎編 1.1 節に示した三次元物体の動的弾性問題における平衡方程式，連続条件式（変位–ひずみ関係式），線形弾性体の構成式を指標表記で記述すると，以下のようになる。なお，指標表記においては，添字には 1, 2, 3 のいずれかを代入し，同一添字が二度現れる項についてはその添字に関する総和をとることにする（アインシュタインの総和規約）。

- 平衡方程式

$$\frac{\partial \sigma_{ji}}{\partial x_j} + b_i = \rho \ddot{u}_i \tag{B.1}$$

$$\sigma_{ji} = \sigma_{ij} \tag{B.2}$$

　ここで，σ_{ij} は**応力テンソル**の成分，b_i は**物体力**である。物体力とは物体内部の物質点に直接作用する力で例えば重力などが挙げられる。

- 変位–ひずみ関係式（微小ひずみ）

$$\varepsilon_{ij} = \frac{1}{2} \left(\frac{\partial u_i}{\partial x_j} + \frac{\partial u_j}{\partial x_i} \right) \tag{B.3}$$

- 構成式（線形弾性体）

$$\sigma_{ij} = D_{ijkl}\varepsilon_{kl} \tag{B.4}$$

ここで，D_{ijkl} は**弾性係数テンソル**の成分である。

図 **B.1** に示すように，任意の三次元物体に応力・変位境界条件と初期条件が設定されているものとする。この場合，上記の基礎方程式に以下の力・変位境界条件と初期条件を与え，これを解くことにより，任意形状の三次元物体に作用する応力，ひずみ，変位を得ることができる。

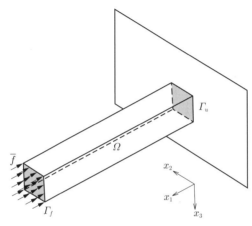

図 **B.1**　三次元弾性問題

- 力境界条件

$$f_i = \sigma_{ji}n_j = \overline{f} \quad \text{on} \quad \Gamma_f \tag{B.5}$$

なお，Γ_f は表面力 $\overline{f}$ が作用する境界を表しており，n_j は境界 Γ_f 上の法線ベクトルである。

- 変位境界条件

$$u_i = \overline{u_i} \quad \text{on} \quad \Gamma_u \tag{B.6}$$

なお，Γ_u は変位拘束が作用する境界を表している。

- 初期条件

$$u_i\left(x_j, 0\right) = d_i\left(x_j\right) \quad \text{and} \quad \dot{u}_i\left(x_j, 0\right) = v_i\left(x_j\right) \tag{B.7}$$

B.2 弱 形 式

前述したように，B.1 節に記載した基礎方程式を初期・境界条件の下で解くことにより，物体の応力，ひずみ，変位を求めることができるが，特に三次元物体においては，解析的に解くことができない。

そこで，平衡方程式を弱形式として表現し，解析を行うことにする。弱形式は，基礎方程式と同様の自由指標を有する任意の近似関数を乗じ，解析対象領域 Ω 全域にわたり積分し，その結果を 0 とすることにより構築できる。

弾性問題における平衡方程式の弱形式を構成するため，仮想仕事の原理を用いる。すなわち，平衡方程式に仮想変位 δu_i を乗じると，弱形式は以下のように記述される。

$$\int_\Omega \delta u_i \left[\rho \ddot{u}_i - \frac{\partial \sigma_{ji}}{\partial x_j} - b_i \right] d\Omega = 0 \tag{B.8}$$

さらに上式に連続条件式を代入し，部分積分したのちに変位境界条件 (B.6) を考慮すると，支配方程式の弱形式は以下のように記述される。

$$\int_\Omega \delta u_i \rho \ddot{u}_i d\Omega + \int_\Omega \delta \varepsilon_{ij} \sigma_{ij} d\Omega - \int_\Omega \delta u_i b_i d\Omega - \int_{\Gamma_f} \delta u_i \overline{f}_i d\Gamma = 0 \tag{B.9}$$

上式の第 1 項は慣性力による仕事，第 2 項は内力による仕事，第 3 項，第 4 項は外力仕事を表している。

ここで，有限要素法への展開を行う前準備として，上式をマトリックス表示に書き換えると以下の式となる。なお，マトリックス表示にすることは，プログラミング上都合がよいためであり，本質的な意味はない。

$$\int_\Omega \delta \boldsymbol{u}^T \rho \ddot{\boldsymbol{u}} d\Omega + \int_\Omega \delta (\hat{\mathbf{B}} \boldsymbol{u}^T) \boldsymbol{\sigma} d\Omega - \int_\Omega \delta \boldsymbol{u}^T \boldsymbol{b} d\Omega - \int_{\Gamma_f} \delta \boldsymbol{u}^T \overline{\boldsymbol{f}} d\Gamma = 0 \tag{B.10}$$

なお，各変数は以下のとおり定義される。

$$\boldsymbol{u} = [u_1\ u_2\ u_3]^T,$$
$$\boldsymbol{\sigma} = [\sigma_{11}\ \sigma_{22}\ \sigma_{33}\ \tau_{12}\ \tau_{23}\ \tau_{31}]^T,$$
$$\boldsymbol{\varepsilon} = [\varepsilon_{11}\ \varepsilon_{22}\ \varepsilon_{33}\ \gamma_{12}\ \gamma_{23}\ \gamma_{31}]^T$$

γ は**工学的せん断ひずみ**であり，微小ひずみテンソルの成分とは以下の関係が成り立つ。

$$\gamma_{ij} = \varepsilon_{ij} + \varepsilon_{ji} = 2\varepsilon_{ij} \qquad (i \neq j)$$

さらに，連続条件式は以下のように記述される。

$$\boldsymbol{\varepsilon} = \hat{\mathbf{B}}\boldsymbol{u} \tag{B.11}$$

ここで，$\hat{\mathbf{B}}$ はひずみ演算子であり，以下のように表される。

$$\hat{\mathbf{B}}^T = \begin{bmatrix} \dfrac{\partial}{\partial x_1} & 0 & 0 & \dfrac{\partial}{\partial x_2} & 0 & \dfrac{\partial}{\partial x_3} \\ 0 & \dfrac{\partial}{\partial x_2} & 0 & \dfrac{\partial}{\partial x_1} & \dfrac{\partial}{\partial x_3} & 0 \\ 0 & 0 & \dfrac{\partial}{\partial x_3} & 0 & \dfrac{\partial}{\partial x_2} & \dfrac{\partial}{\partial x_1} \end{bmatrix} \tag{B.12}$$

また，線形弾性体の構成式は以下のように記述される。

$$\boldsymbol{\sigma} = \mathbf{D}\boldsymbol{\varepsilon} \tag{B.13}$$

ここで $\mathbf{D}$ は弾性係数テンソル D_{ijkl} を6行6列のマトリックスに変換したものである。

B.3　有限要素近似

解析対象領域 $\varOmega$ の応力，ひずみ，変位を近似的に導出するため，解析対象領域を多角形のサブドメイン $\varOmega_e$ により分割する（**図 B.2**）。この多角形のことを**要素**と呼び，その頂点を**節点**という。これにより解析対象領域 $\varOmega$ はサブドメイン $\varOmega_e$ により以下のように近似することができる。

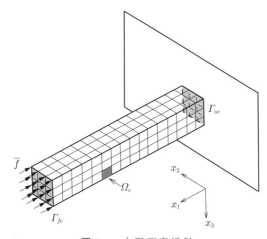

図 **B.2**　有限要素近似

$$\Omega \approx \hat{\Omega} = \sum_e \Omega_e \tag{B.14}$$

境界 Γ についても，サブドメイン Γ_e を用いて以下のように近似することができる。

$$\Gamma \approx \hat{\Gamma} = \sum_e \Gamma_e = \sum_{fe} \Gamma_{fe} + \sum_{ue} \Gamma_{ue} \tag{B.15}$$

ここで，Γ_{fe} および Γ_{ue} は，それぞれ力・変位境界に含まれる要素の境界を表している。

　支配方程式の弱形式は局所的な仮想仕事の空間積分で表される。したがって，複数の要素により近似された領域 $\hat{\Omega}$ の支配方程式の弱形式は，各要素 Ω_e における仮想仕事の総和で表すことができ，次式で記述することができる。

$$\delta\pi \approx \delta\hat{\pi} = \sum_e \left[\int_{\Omega_e} \delta\boldsymbol{u}^T \rho\ddot{\boldsymbol{u}}d\Omega + \int_{\Omega_e} \delta(\hat{\mathbf{B}}\boldsymbol{u}^T)\boldsymbol{\sigma}d\Omega - \int_{\Omega_e} \delta\boldsymbol{u}^T \boldsymbol{b}d\Omega \right]$$
$$- \sum_{fe} \int_{\Gamma_{fe}} \delta\boldsymbol{u}^T \overline{\boldsymbol{f}}d\Gamma \tag{B.16}$$

　ここで汎関数に含まれる空間微分は 1 階微分のみであることに着目すると，変位の近似関数は少なくとも連続（すなわち C^0 級関数）であればよいことがわかる。そこで，要素内変位を以下の式により近似することにする。

$$\boldsymbol{u}(\boldsymbol{x},t) \approx \hat{\boldsymbol{u}} = \sum_b \mathbf{N}_b(\boldsymbol{x})\,\tilde{\boldsymbol{u}}_b(t) = \mathbf{N}(\boldsymbol{x})\,\tilde{\boldsymbol{u}}(t) \tag{B.17}$$

　ここで $\mathbf{N}(\boldsymbol{x})$ は**変位の内挿関数**もしくは**変位の形状関数**と呼ばれる近似関数であり，少なくとも C^0 級関数であればよい。$\tilde{\boldsymbol{u}}_b(t)$ もしくは $\tilde{\boldsymbol{u}}(t)$ は節点変位である。つまり，要素内の任意の位置の変位は形状関数と節点変位により近似されることになる。さらに，この関数を代入することにより，弱形式は節点変位により記述されることになる。$\mathbf{N}(\boldsymbol{x})$ の具体的な例として，節点数を 6（要素形状：六面体），要素変位を一次式で記述した六面体一次要素，節点数を 4（要素形状：四面体），要素変位を二次式で記述した四面体二次要素などがある。有限要素近似式を導入することにより，ひずみ–変位関係式は以下のように記述される。

$$\varepsilon = \hat{\mathbf{B}}\boldsymbol{u} \approx \sum_b \left(\hat{\mathbf{B}}N_b\right)\tilde{\boldsymbol{u}}_b = \sum_b \mathbf{B}\tilde{\boldsymbol{u}}_b = \mathbf{B}\tilde{\boldsymbol{u}} \tag{B.18}$$

　$\mathbf{B}$ は**節点変位–ひずみマトリックス**と呼ばれ，その成分は形状関数 $\mathbf{N}$ の一階の空間微分により構成される。

　これを用いると，一つの要素に対する弱形式は以下のようになる。

$$\delta\tilde{\boldsymbol{u}}^T\left[\int_{\Omega_e}\mathbf{N}^T\rho\mathbf{N}d\Omega\,\ddot{\tilde{\boldsymbol{u}}}+\int_{\Omega_e}\mathbf{B}^T\mathbf{D}\mathbf{B}d\Omega\tilde{\boldsymbol{u}}-\int_{\Omega_e}\mathbf{N}^T\boldsymbol{b}d\Omega-\int_{\Gamma_{fe}}\mathbf{N}^T\overline{\boldsymbol{f}}d\Gamma\right]$$
$$=0 \tag{B.19}$$

ここで，$\displaystyle\int_{\Omega_e}\mathbf{N}^T\rho\mathbf{N}d\Omega$ は**要素質量マトリックス**，$\displaystyle\int_{\Omega_e}\mathbf{B}^T\mathbf{D}\mathbf{B}d\Omega$ は**要素剛性マトリッ**
クスと呼ばれる。

上式は一つの要素に対する弱形式であるため，全要素についての総和を計算する。
さらに，上式は任意の $\delta\tilde{\boldsymbol{u}}^T$ において成立することから，近似された解析対象領域 $\hat{\Omega}$
に対して以下の常微分方程式を得ることができる。

$$\mathbf{M}\ddot{\tilde{\boldsymbol{u}}}+\mathbf{K}\tilde{\boldsymbol{u}}=\boldsymbol{F} \tag{B.20}$$

ここで

$$\mathbf{M}=\sum_e\int_{\Omega_e}\mathbf{N}^T\rho\mathbf{N}d\Omega,\qquad\mathbf{K}=\sum_e\int_{\Omega_e}\mathbf{B}^T\mathbf{D}\mathbf{B}d\Omega,$$
$$\boldsymbol{F}=\sum_e\int_{\Omega_e}\mathbf{N}^T\boldsymbol{b}d\Omega-\int_{\Gamma_{fe}}\mathbf{N}^T\overline{\boldsymbol{f}}d\Gamma \tag{B.21}$$

であり，$\mathbf{M}$ は**全体質量マトリックス**，$\mathbf{K}$ は**全体剛性マトリックス**と呼ばれる。

上記，常微分方程式を解くことにより，解析対象領域全体における応力分布，ひず
み分布，変位分布を求めることができる。

B.4　時 間 積 分 法

上記の常微分方程式を解く手法としては，**数値時間積分法**が用いられる。有限要素
法における数値時間積分法として，**中央差分法**，**Newmark 法**などが用いられる。本
付録では数値時間積分法のうち広く用いられる Newmark 法について紹介する。

まず，節点の変位，速度，加速度の時刻 t_n における離散値を以下のように定義する。

$$(\tilde{\boldsymbol{u}}_n\ \tilde{\boldsymbol{v}}_n\ \tilde{\boldsymbol{a}}_n) \tag{B.22}$$

数値時間積分の安定性と数値減衰を制御するパラメータとして β と γ を導入する
と，時刻 t_{n+1} における節点変位，速度，加速度は次式のように記述できる。

$$\tilde{\boldsymbol{u}}_{n+1}=\tilde{\boldsymbol{u}}_n+\Delta t\tilde{\boldsymbol{v}}_n+\left(\frac{1}{2}-\beta\right)\Delta t^2\tilde{\boldsymbol{a}}_n+\beta\Delta t^2\tilde{\boldsymbol{a}}_{n+1} \tag{B.23}$$
$$\tilde{\boldsymbol{v}}_{n+1}=\tilde{\boldsymbol{v}}_n+(1-\gamma)\Delta t\tilde{\boldsymbol{a}}_n+\gamma\Delta t\tilde{\boldsymbol{a}}_{n+1} \tag{B.24}$$

$$\mathbf{M}\tilde{a}_{n+1} + \mathbf{K}\tilde{u}_{n+1} - \boldsymbol{F}_{n+1} = 0 \tag{B.25}$$

$$\Delta t = t_{n+1} - t_n \tag{B.26}$$

上記四式より以下の関係が導かれる。

$$[\mathbf{M} + \beta\Delta t^2\mathbf{K}]\tilde{a}_{n+1} = \boldsymbol{F}_{n+1} - \mathbf{K}\hat{u}_{n+1} \tag{B.27}$$

ここで

$$\hat{u}_{n+1} = \tilde{u}_n + \Delta t\tilde{v}_n + \left(\frac{1}{2} - \beta\right)\Delta t^2\tilde{a}_n$$

である。よって

$$\tilde{a}_{n+1} = \left[\mathbf{M} + \beta\Delta t^2\mathbf{K}\right]^{-1}\left(\boldsymbol{F}_{n+1} - \mathbf{K}\hat{u}_{n+1}\right) \tag{B.28}$$

上式において任意の β および γ を与えることにより，時刻 t_{n+1} における節点加速度 $\tilde{a}_{n+1}$ を求めることができる。

$\beta = 0$ の場合，$\tilde{a}_{n+1}$ は次式で求めることができる。

$$\begin{aligned}\tilde{a}_{n+1} &= \mathbf{M}^{-1}\left(\boldsymbol{F}_{n+1} - \mathbf{K}\hat{u}_{n+1}\right)\\ &= \mathbf{M}^{-1}\left(\boldsymbol{F}_{n+1} - \mathbf{K}\left(\tilde{u}_n + \Delta t\tilde{v}_n + \frac{1}{2}\Delta t^2\tilde{a}_n\right)\right)\end{aligned} \tag{B.29}$$

したがって，時刻 t までの節点変位，速度，加速度は既知であるから，$\tilde{a}_{n+1}$ は線形代数式を解くことで求めることができる。このような手法を**陽解法**と呼ぶ。さらに，質量マトリックス $\mathbf{M}$ が対角行列であれば，容易に解くことが可能であり，時間ステップごとの計算を高速に行うことができる。一方で，陽解法はつねに条件付き安定な解法であり，時間ステップ Δt は要素サイズと波動伝播速度から規定される安定時間ステップ Δt_{cri} よりもつねに短く設定する必要がある。したがって，要素数が多く，現象時間が短い問題である衝突シミュレーションで広く用いられる手法である。

$\beta > 0$ の場合は**陰解法**と呼ばれる。陰解法の場合，$\tilde{u}_{n+1}$ を求める際に $\tilde{a}_{n+1}$ の項が残るため，時刻ごとに連立方程式を解く必要があり，計算コストが高い。しかし，$\beta = 1/4$，$\gamma = 1/2$ を与えると，時間ステップによらずつねに安定な解が得られることになるため，陽解法よりもより長い時間ステップを設定することができる。したがって要素数が少なく，現象時間が長い問題である地震動の解析などに用いられることが多い。

B.5 解 析 例

図 B.2 に示したように，一端固定された直方体形状物体の端点にステップ関数状の衝撃荷重を与えるような問題について，三次元有限要素法を用いて解析を行うとともに，基礎編で示した一次元波動伝播理論を用いた解析と比較してみよう。

具体的な問題設定として，一辺 0.04 m の正方形断面の長さ 0.5 m の金属製の棒について，一端が完全固定され，もう一端に $F = 1\,000\,\mathrm{N}$ のステップ荷重が作用する問題を考える。

金属製の棒の材料として鉄鋼材料を想定し，密度 $7\,800\,\mathrm{kg/m^3}$，縦弾性率 210 GPa，ポアソン比 0.3 とする。この棒に対して六面体一次要素にて要素分割を行った。要素数は 342 である。陽解法により時間積分を行い，衝突後時間 1 ms まで計算を実施した。

この棒の中央における軸方向応力 σ_{11} の時刻歴について，有限要素解析と一次元波動伝播理論による解析結果を**図 B.3** に比較した。一次元波動伝播理論により，応力波到達時間と応力値などはおおよそ計算できているが，有限要素法の解析結果では，応力波の三次元伝播による高次モードや分散などの影響が見られる。

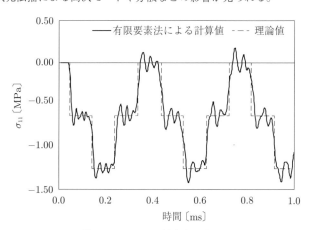

図 B.3 棒の中心における軸方向応力時刻歴の比較

付録 C　数　学　公　式

　ここでは，読者の便宜のため，本書で頻繁に使われている数学関係の公式をリストアップしておきたい。

C.1　三角関数と双曲線関数

$$\sin(a \pm b) = \sin a \cos b \pm \cos a \sin b$$

$$\cos(a \pm b) = \cos a \cos b \mp \sin a \sin b$$

$$\sin^2 a + \cos^2 a = 1$$

$$\tan \alpha = \frac{\sin \alpha}{\cos \alpha}$$

$$\sinh(a \pm b) = \sinh a \cosh b \pm \cosh a \sinh b$$

$$\cosh(a \pm b) = \cosh a \cosh b \pm \sinh a \sinh b$$

$$\cosh^2 a - \sinh^2 a = 1$$

$$\tanh \alpha = \frac{\sinh \alpha}{\cosh \alpha}$$

C.2　オイラー（Euler）の公式関係

$$e^{i\theta} = \cos \theta + i \sin \theta$$

$$e^{\theta} = \cosh \theta + \sinh \theta$$

$$\sinh i\theta = i \sin \theta, \qquad \cosh i\theta = \cos \theta$$

$$\sin \theta = \frac{e^{i\theta} - e^{-i\theta}}{2i}, \qquad \cos \theta = \frac{e^{i\theta} + e^{-i\theta}}{2}$$

$$\sinh \theta = \frac{e^{\theta} - e^{-\theta}}{2}, \qquad \cosh \theta = \frac{e^{\theta} + e^{-\theta}}{2}$$

C.3 ネイピア数（Napier constant, 自然対数の底）関係

$$e = \sum_{n=0}^{\infty} \frac{1}{n!} = \frac{1}{0!} + \frac{1}{1!} + \frac{1}{2!} + \frac{1}{3!} + \cdots = 2.718\,281\,828\cdots$$

$$e^{\theta} = \sum_{n=0}^{\infty} \frac{\theta^n}{n!} = \frac{\theta^0}{0!} + \frac{\theta^1}{1!} + \frac{\theta^2}{2!} + \frac{\theta^3}{3!} + \cdots$$

$$= 1 + \theta + \frac{\theta^2}{2!} + \frac{\theta^3}{3!} + \frac{\theta^4}{4!} + \frac{\theta^5}{5!} + \cdots = \cosh\theta + \sinh\theta$$

$$e^{-\theta} = \sum_{n=0}^{\infty} \frac{(-\theta)^n}{n!} = 1 + \frac{\theta^2}{2!} + \frac{\theta^4}{4!} + \frac{\theta^6}{6!} + \cdots - \left(\theta + \frac{\theta^3}{3!} + \frac{\theta^5}{5!} + \frac{\theta^7}{7!} + \cdots \right)$$

$$= \cosh\theta - \sinh\theta$$

$$e^{i\theta} = 1 - \frac{\theta^2}{2!} + \frac{\theta^4}{4!} - \frac{\theta^6}{6!} + \cdots + i\left(\theta - \frac{\theta^3}{3!} + \frac{\theta^5}{5!} - \frac{\theta^7}{7!} + \cdots \right) = \cos\theta + i\sin\theta$$

$$e^{-i\theta} = 1 - \frac{\theta^2}{2!} + \frac{\theta^4}{4!} - \frac{\theta^6}{6!} + \cdots - i\left(\theta - \frac{\theta^3}{3!} + \frac{\theta^5}{5!} - \frac{\theta^7}{7!} + \cdots \right) = \cos\theta - i\sin\theta$$

C.4 テイラー（Taylor）展開

$$f(a) = \sum_{n=0}^{\infty} \frac{f^{(n)}(a)}{n!}(x-a)^n$$

特に, $a = 0$ の場合をマクローリン（Maclaurin）展開という。

C.5 ロピタル（L'Hospital）の定理

　下記のように，そのままでは不定形となって極限値を求められない場合，分子と分母をそれぞれ微分して極限値を求める。

$$\lim_{x \to 0} \frac{\sin x}{x} = \lim_{x \to 0} \frac{\cos x}{1} = 1$$

C.6　ラプラス（Laplace）変換関係

（ i ）　ラプラス変換定義式

$$\overline{f}(p) = \int_0^\infty f(t)e^{-pt}dt = L\{f(t)\}$$

（ ii ）　ラプラス逆変換定義式

$$f(t) = \frac{1}{2\pi i}\int_{\gamma-i\infty}^{\gamma+i\infty}\overline{f}(p)e^{pt}dp = L^{-1}\{\overline{f}(p)\}$$

（iii）　微積分のラプラス変換

　　1)　$L\left\{\dfrac{df}{dt}\right\} = p\overline{f}(p) - f(0)$

　　2)　$L\left\{\dfrac{d^2f}{dt^2}\right\} = p^2\overline{f}(p) - pf(0) - f'(0)$

　　3)　$L\{tf(t)\} = -\dfrac{d\overline{f}(p)}{dp}$

　　4)　$L\left\{\displaystyle\int_0^t f(\tau)d\tau\right\} = \dfrac{1}{p}\overline{f}(p)$

（iv）　合成則と変位則

　　1)　$L^{-1}\left\{\overline{f}_1(p)\overline{f}_2(p)\right\} = \displaystyle\int_0^t f_1(t-\tau)f_2(\tau)d\tau$

　　2)　$L^{-1}\left\{f(p)e^{-ap}\right\} = f(t-a)H(t-a)$

（ v ）　ラプラス変換積分可能な関数例

　　1)　$L\{H(t)\} = \dfrac{1}{p}$

　　2)　$L\{t\} = \dfrac{1}{p^2}$

　　3)　$L\{\sin at\} = \dfrac{a}{p^2+a^2}$

　　4)　$L\{\cos at\} = \dfrac{p}{p^2+a^2}$

　　5)　$L\left\{e^{-at}\right\} = \dfrac{1}{p+a}$

　　6)　$L\left\{te^{-at}\right\} = \dfrac{1}{(p+a)^2}$

7)　$L\left\{(1-at)e^{-at}\right\} = \dfrac{p}{(p+a)^2}$

(vi)　コーシー（Cauchy）の留数定理

複素平面 p 内の一周積分路 C 内において，$\overline{f}(p)$ が正則であれば積分値は 0 となる（図 **C.1**）。

$$\oint_C \overline{f}(p)dp = 0$$

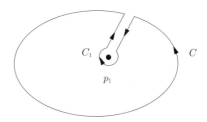

| 図 **C.1**　複素平面における一周積分（特異点がない場合） | 図 **C.2**　複素平面における一周積分（特異点がある場合） |

一方，複素平面 p 内の一周積分路 C 内の $p = p_1$ において，$\overline{f}(p)$ が特異点を有している場合は，図 **C.2** のように特異点を避けた一周積分路をとって積分すれば，以下の式が成立する。

$$\oint_C \overline{f}(p)dp + \oint_{C_1} \overline{f}(p)dp = 0$$

ここで，積分路 C_1 は C とは逆に右回りの積分である。

積分路 C_1 に沿っての積分は

$$\oint_{C_1} \overline{f}(p)dp = -2\pi i \lim_{p \to p_1} \overline{f}(p)\,(p - p_1)$$

そこで，右辺をつぎのように書くことにする。

$$\operatorname*{Res}_{p=p_1}\left\{\overline{f}(p)\right\} = \lim_{p \to p_1} \overline{f}(p)\,(p - p_1)$$

ここで，右辺の値は $\overline{f}(p)$ の $p = p_1$ における留数と定義されている。

したがって，一周積分路 C の積分値はつぎのようになる。

$$\oint_C \overline{f}(p)dp = 2\pi i \operatorname*{Res}_{p=p_1}\left\{\overline{f}(p)\right\}$$

もし一周積分路内に特異点が n 個あれば，それらの特異点における留数の総和が積分値となり，つぎのようになる。

$$\oint_C \overline{f}(p)dp = 2\pi i \sum_{n=1}^{n} \operatorname{Res}_{p=p_n} \left\{ \overline{f}(p) \right\}$$

ここで，記述されたラプラス逆変換に関わる定理は本書で対象としているような単純化した弾性の力学において適用可能な計算法であり，一般的に拡張した問題に対しては適用できない場合があることを留意することが肝要である。

引用・参考文献

1) S.P. Timoshenko and J.N. Goodier：Theory of Elasticity；金多　潔 訳：弾性論，コロナ社 (1973)

2) S.P. Timoshenko and D.H. Young：Elements of Strength of Materials, D. Van Nostrand (1962)

3) S.P. Timoshenko and S. Woinowsky-Krieger：Theory of Plates and Shells, McGraw–Hill (1959)

4) S.P. Timoshenko and J.M. Gere：Theory of Elastic Stability, Dover (2009)

5) S.P. Timoshenko and D.H. Young：Theory of Vibration Problems in Engineering, D. Van Nostrand (1955)；谷下市松・渡辺　茂 共訳：工業振動学，東京図書 (1969)

6) S.P. Timoshenko：History of Strength of Materials, McGraw–Hill (1953)；最上武雄・川口昌宏 共訳：材料力学史，鹿島出版会 (1974)

7) W.T. Thomson：Laplace Transformation, Prentice–Hall (1972)

8) W. Johnson：Impact Strength of Materials, Edward Arnold (1972)

9) W. Goldsmith：Impact, Dover (2001)

10) 中原一郎：材料力学　上巻・下巻，養賢堂 (1965)

11) 冨田幸雄, 小泉　尭, 松本浩之：工学のための数理解析 I・II・III，実教出版 (1972)

12) O.C. Zienkiewicz, R.L. Taylor：The Finite Element Method for Solid and Structural Mechanics, 7th edition, Butterworth–Heinemann (2013)

索　　引

―― 著 者 略 歴 ――

宇治橋 貞幸（うじはし　さだゆき）
1969年　東京工業大学理工学部機械工学科卒業
1971年　東京工業大学大学院修士課程修了（機械工学専攻）
1973年　東京工業大学大学院博士課程中退
1973年　東京工業大学助手
1982年　工学博士（東京工業大学）
1985年　東京工業大学助教授
1989年　英国ストラスクライド大学客員教授兼任（1990年まで）
1993年　東京工業大学教授
2000年　豪州ロイヤルメルボルン工科大学リサーチフェロー兼任（2001年まで）
2011年　国土交通省自動車アセスメント評価検討会座長兼任（2022年まで）
2012年　東京工業大学名誉教授
2012年　日本文理大学特任教授
2012年　株式会社トップシーエーイー取締役兼任（2017年まで）
2017年　株式会社 BETA CAE Systems Japan 顧問兼任
2022年　日本文理大学客員教授
　　　　現在に至る

宮崎 祐介（みやざき　ゆうすけ）
2001年　東京工業大学工学部機械科学科卒業
2003年　東京工業大学大学院修士課程修了（情報環境学専攻（機械系））
2006年　東京工業大学大学院博士後期課程修了（情報環境学専攻（機械系））
　　　　博士（工学）
2006年　金沢大学助手
2007年　金沢大学助教
2012年　東京工業大学准教授
　　　　現在に至る

衝 撃 力 学

Impact Mechanics　　　　　　　　　ⓒ Sadayuki Ujihashi, Yusuke Miyazaki 2020

2020 年 3 月 10 日　初版第 1 刷発行　　　　　　　　　　★
2024 年 4 月 20 日　初版第 2 刷発行

検印省略	著　　者	宇　治　橋　　貞　　幸
		宮　　崎　　祐　　介
	発 行 者	株式会社　コ ロ ナ 社
		代 表 者　牛 来 真 也
	印 刷 所	三 美 印 刷 株 式 会 社
	製 本 所	有限会社　愛 千 製 本 所

112‒0011　東京都文京区千石 4‒46‒10
発 行 所　株式会社　コ ロ ナ 社
CORONA PUBLISHING CO., LTD.
Tokyo Japan
振替 00140‒8‒14844・電話(03)3941‒3131(代)
ホームページ　https://www.coronasha.co.jp

ISBN 978‒4‒339‒04665‒6　C3053　Printed in Japan　　　　　　　(金)

シミュレーション辞典

日本シミュレーション学会 編
A5判／452頁／本体9,000円／上製・箱入り

◆**編集委員長** 大石進一（早稲田大学）
◆**分野主査** 山崎　憲（日本大学）,寒川　光（芝浦工業大学）,萩原一郎（東京工業大学）,
矢部邦明（東京電力株式会社）,小野　治（明治大学）,古田一雄（東京大学）,
小山田耕二（京都大学）,佐藤拓朗（早稲田大学）
◆**分野幹事** 奥田洋司（東京大学）,宮本良之（産業技術総合研究所）,
小俣　透（東京工業大学）,勝野　徹（富士電機株式会社）,
岡田英史（慶應義塾大学）,和泉　潔（東京大学）,岡本孝司（東京大学）
（編集委員会発足当時）

> シミュレーションの内容を共通基礎, 電気・電子, 機械, 環境・エネルギー, 生命・医療・
> 福祉, 人間・社会, 可視化, 通信ネットワークの8つに区分し, シミュレーションの学理
> と技術に関する広範囲の内容について, 1ページを1項目として約380項目をまとめた。

Ⅰ　**共通基礎**（数学基礎／数値解析／物理基礎／計測・制御／計算機システム）
Ⅱ　**電気・電子**（音　響／材　料／ナノテクノロジー／電磁界解析／VLSI設計）
Ⅲ　**機　械**（材料力学・機械材料・材料加工／流体力学・熱工学／機械力学・計測制御・
生産システム／機素潤滑・ロボティクス・メカトロニクス／計算力学・設計
工学・感性工学・最適化／宇宙工学・交通物流）
Ⅳ　**環境・エネルギー**（地域・地球環境／防　災／エネルギー／都市計画）
Ⅴ　**生命・医療・福祉**（生命システム／生命情報／生体材料／医　療／福祉機械）
Ⅵ　**人間・社会**（認知・行動／社会システム／経済・金融／経営・生産／リスク・信頼性
／学習・教育／共　通）
Ⅶ　**可視化**（情報可視化／ビジュアルデータマイニング／ボリューム可視化／バーチャル
リアリティ／シミュレーションベース可視化／シミュレーション検証のため
の可視化）
Ⅷ　**通信ネットワーク**（ネットワーク／無線ネットワーク／通信方式）

本書の特徴

1. シミュレータのブラックボックス化に対処できるように, 何をどのような原理でシミュ
レートしているかがわかることを目指している。そのために, 数学と物理の基礎にまで立ち返っ
て解説している。

2. 各中項目は, その項目の基礎的事項をまとめており, 1ページという簡潔さでその項目
の標準的な内容を提供している。

3. 各分野の導入解説として「分野・部門の手引き」を供し, ハンドブックとしての使用に
も耐えうること, すなわち, その導入解説に記される項目をピックアップして読むことで,
その分野の体系的な知識が身につくように配慮している。

4. 広範なシミュレーション分野を総合的に俯瞰することに注力している。広範な分野を総
合的に俯瞰することによって, 予想もしなかった分野へ読者を招待することも意図している。

定価は本体価格+税です。
定価は変更されることがありますのでご了承下さい。

図書目録進呈◆

ロボティクスシリーズ

（各巻A5判，欠番は品切です）

■編集委員長　有本　卓
■幹　　　事　川村貞夫
■編集委員　石井　明・手嶋教之・渡部　透

定価は本体価格＋税です。
定価は変更されることがありますのでご了承下さい。

図書目録進呈◆

機械系コアテキストシリーズ

（各巻A5判）

■編集委員長　金子 成彦
■編集委員　大森 浩充・鹿園 直毅・渋谷 陽二・新野 秀憲・村上 存（五十音順）

材料と構造分野

	配本順		渋			頁	本体
A-1	（第1回）	材　料　力　学	渋谷 陽二／中谷 彰宏 共著			348	3900円
A-2		部　材　の　力　学	渋谷 陽二 著				
A-3		機械技術者のための材料科学	向井 敏司 著				

運動と振動分野

B-1		機　械　力　学	吉村 卓也／松村 雄一 共著				
B-2		振　動　波　動　学	金子 成彦／姫野 武洋 共著				

エネルギーと流れ分野

C-1	（第2回）	熱　　力　　学	片岡 勲／吉田 憲司 共著			180	2300円
C-2	（第4回）	流　体　力　学	鈴木 康方／関谷 直樹／彭 島國／松田 義均／沖 浩平 共著			222	2900円
C-3	（第6回）	エネルギー変換工学	鹿園 直毅 著			144	2200円

情報と計測・制御分野

D-1		メカトロニクスのための計測システム	中澤 和夫 著				
D-2		ダイナミカルシステムのモデリングと制御	髙橋 正樹 著				

設計と生産・管理分野

E-1	（第3回）	機械加工学基礎	松村 隆／笹原 弘之 共著			168	2200円
E-2	（第5回）	機械設計工学	村上 存／柳澤 秀吉 共著			166	2200円

定価は本体価格+税です。
定価は変更されることがありますのでご了承下さい。

図書目録進呈◆

機械系 大学講義シリーズ

(各巻A5判，欠番は品切または未発行です)

■**編集委員長** 藤井澄二
■**編集委員** 臼井英治・大路清嗣・大橋秀雄・岡村弘之
黒崎晏夫・下郷太郎・田島清灝・得丸英勝

定価は本体価格+税です。
定価は変更されることがありますのでご了承下さい。

图书目録進呈◆

機械系教科書シリーズ

(各巻A5判，欠番は品切です)

■編集委員長　木本恭司
■幹　　事　平井三友
■編集委員　青木　繁・阪部俊也・丸茂榮佑

定価は本体価格+税です。
定価は変更されることがありますのでご了承下さい。

図書目録進呈◆

新塑性加工技術シリーズ

（各巻A5判）

■日本塑性加工学会 編

定価は本体価格+税です。
定価は変更されることがありますのでご了承下さい。